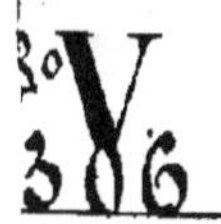  

GÉOMÉTRIE

DESCRIPTIVE

TRAITÉ ÉLÉMENTAIRE, THÉORIQUE ET PRATIQUE

CONFORME AUX PROGRAMMES OFFICIELS DE

L'ENSEIGNEMENT SECONDAIRE SPÉCIAL

3ᵉ ET 4ᵉ ANNÉE

ET DE L'ENSEIGNEMENT SECONDAIRE CLASSIQUE

CONTENANT

DE NOMBREUSES APPLICATIONS AUX OMBRES, A LA COUPE DES PIERRES, A LA COUPE DES BOIS
AU LEVÉ DES PLANS, AU NIVELLEMENT ET A LA PERSPECTIVE

PAR MM.

FÉLICIEN GIROD
Ancien élève de l'École de Cluny.

J. THOMY CANONVILLE
Ingénieur civil,
Ancien élève de l'École centrale.

Agrégés de l'Université, professeurs au lycée de Rouen.

TROISIÈME ÉDITION REVUE ET CORRIGÉE

PARIS

LIBRAIRIE CLASSIQUE DE F.-E. ANDRÉ-GUÉDON
15, RUE SÉGUIER, 15

GÉOMÉTRIE

DESCRIPTIVE

Ouvrages de M. Félicien GIROD

Agrégé de l'Université.
Professeur de mathématiques au lycée Corneille de Rouen.

COURS DE GÉOMÉTRIE THÉORIQUE ET PRATIQUE, à l'usage des *Lycées* et des *Collèges*, de tous les *Établissements d'instruction*, des aspirants au baccalauréat ès sciences et au diplôme d'études, contenant de nombreuses applications au dessin linéaire, à l'architecture, à l'arpentage, au levé des plans, au nivellement, etc., et plus de mille exercices proposés de géométrie pure et appliquée. *Quatrième édition*, revue et corrigée. 1 beau vol. in-8, broché.............................. 4 »

TRAITÉ ÉLÉMENTAIRE DE GÉOMÉTRIE THÉORIQUE ET PRATIQUE à l'usage des élèves des Classes de lettres dans les *Lycées*, les *Collèges*, et tous les *Établissements d'instruction* et des candidats au baccalauréat ès lettres, contenant des applications au dessin linéaire, à l'arpentage, au levé des plans, au nivellement, à la topographie, lecture des cartes et un grand nombre d'exercices de géométrie pure et appliquée. *Troisième édition*, revue et corrigée. 1 vol. in-8, broché...................... 3 »

SOLUTIONS RAISONNÉES des problèmes énoncés dans le **COURS** et dans le **TRAITÉ ÉLÉMENTAIRE DE GÉOMÉTRIE** à l'usage des *Lycées* et des *Collèges*, de tous les *Établissements d'instruction*, des aspirants au baccalauréat ès sciences et au diplôme d'Études. 1 fort volume in-8, broché............................... 6 »

Ces trois ouvrages renferment de belles figures sur fond noir, intercalées dans le texte.

COURS D'ARITHMÉTIQUE THÉORIQUE ET PRATIQUE à l'usage des *Lycées* et des *Collèges*, de tous les *Établissements d'instruction*, des aspirants au baccalauréat ès sciences et au diplôme d'études renfermant plus de *mille* exercices, sur les nombres entiers, les nombres fractionnaires, le système métrique, les racines carrée et cubique, les intérêts, l'escompte, les opérations de Bourse, les progressions, les intérêts composés et les annuités. *Troisième édition revue et corrigée.* 1 vol. in-8, br............. 4 »

TRAITÉ ÉLÉMENTAIRE D'ARITHMÉTIQUE THÉORIQUE ET PRATIQUE à l'usage des *Lycées* et des *Collèges*, de tous les *Établissements d'instruction*, des élèves des Classes de lettres et des candidats au baccalauréat ès lettres, renfermant un grand nombre d'exercices sur les nombres entiers, les nombres fractionnaires, le système métrique, les racines carrée et cubique, les intérêts et l'escompte. 1 vol. in-8, br..................... 2 50

SOLUTIONS RAISONNÉES des problèmes énoncés dans le **COURS D'ARITHMÉTIQUE** (nº 4) et dans le **TRAITÉ ÉLÉMENTAIRE D'ARITHMÉTIQUE** (nº 3) à l'usage des *Lycées* et des *Collèges*, de tous les *Établissements d'instruction*, des aspirants au baccalauréat ès sciences et au baccalauréat spécial. 1 beau volume in-8, br... 4 »

COURS D'ALGÈBRE ÉLÉMENTAIRE, théorique et pratique, à l'usage des lycées, des collèges, de tous les établissements d'instruction des aspirants au baccalauréat ès sciences, au baccalauréat spécial et aux Écoles du gouvernement, renfermant plus de **quatorze cents exercices**. *Deuxième édition*, revue et corrigée. 1 vol. in-8, broché.... 4 »

TRAITÉ ÉLÉMENTAIRE D'ALGÈBRE, théorique et pratique, à l'usage des *Lycées*, des *Collèges*, de tous les *Établissements d'instruction* et des aspirants au baccalauréat ès lettres renfermant un grand nombre d'exercices. 1 vol. in-8, br.............. 2 50

TRIGONOMÉTRIE PRATIQUE réduite à la résolution des triangles à l'usage des écoles normales primaires, des écoles primaires supérieures et de toutes les personnes qui s'occupent d'opérations sur le terrain. 1 vol. in-8, broché................. 1 »

GÉOMÉTRIE DESCRIPTIVE, traité élémentaire théorique et pratique conforme aux programmes officiels de l'enseignement secondaire spécial et de l'enseignement secondaire classique, par **MM. Félicien Girod et Thomy Canonville.**

Cours de troisième année. Troisième édition. 1 volume in-8, broché............. 2 50
Cours de quatrième année. Deuxième édition. 1 volume in-8, broché............. 3 50

COURS DE MATHÉMATIQUES APPLIQUÉES, à l'usage des *Écoles normales primaires*, des *Écoles professionnelles*, des *Écoles primaires supérieures* et de tous les *Instituteurs*, contenant des notions élémentaires de *géométrie descriptive* applicables au dessin industriel, l'arpentage, le partage des terres, le levé des plans, le nivellement, des questions pratiques sur le cubage, la stéréotomie, l'architecture, le tracé des cartes, le lavis, la perspective, par **les mêmes**. *Deuxième édition.* 1 vol. in-8, br............ 4 »

Paris. — Imp. E. Capiomont et V. Renault, rue des Poitevins, 6.

COURS D'ÉTUDES DE L'ENSEIGNEMENT SPÉCIAL

TROISIÈME ANNÉE

GÉOMÉTRIE

DESCRIPTIVE

TRAITÉ ÉLÉMENTAIRE, THÉORIQUE ET PRATIQUE

CONFORME AUX PROGRAMMES OFFICIELS DE

L'ENSEIGNEMENT SECONDAIRE SPÉCIAL

3ᵉ ET 4ᵉ ANNÉE

ET DE L'ENSEIGNEMENT SECONDAIRE CLASSIQUE

CONTENANT

DE NOMBREUSES APPLICATIONS AUX OMBRES, A LA COUPE DES PIERRES, A LA COUPE DES BOIS
AU LEVÉ DES PLANS, AU NIVELLEMENT ET A LA PERSPECTIVE

PAR MM.

FÉLICIEN GIROD
Ancien élève de l'École de Cluny.

J. THOMY CANONVILLE
Ingénieur civil,
Ancien élève de l'École centrale.

Agrégés de l'Université, professeurs au lycée de Rouen.

TROISIÈME ÉDITION REVUE ET CORRIGÉE

PARIS

LIBRAIRIE CLASSIQUE DE F.-E. ANDRÉ-GUEDON

15, RUE SÉGUIER, 15

1884

PRÉFACE

Ce livre est particulièrement destiné aux élèves de l'enseignement spécial. Chaque jour cet enseignement prend de plus en plus racine dans notre pays ; il est appelé dans un avenir prochain à être suivi par près de la moitié des jeunes gens de nos lycées. Aussi réclame-t-on de tous côtés des ouvrages élémentaires vraiment appropriés à l'étude des sciences pratiques. C'est pour répondre à des demandes multiples que nous nous sommes mis à l'œuvre. Nous pensons donner aux maîtres un travail consciencieux, mûri à loisir, perfectionné par dix années de professorat. Notre plus vif désir est qu'il réponde à leurs vœux ; nous serons heureux de leurs observations, voire même de leurs critiques qui nous permettront d'apporter plus tard les perfectionnements nécessaires.

Il ne manque pas d'excellents traités de *Géométrie descriptive*.

Mais, tout en suivant la voie tracée par nos devanciers, nous nous sommes efforcés de lutter contre la difficulté que les meilleurs élèves eux-mêmes ont à comprendre cette partie des sciences. C'est dans ce but que nous avons cru devoir adopter un plan tout particulier dont nous devons dire ici quelques mots.

Division de l'ouvrage. — Notre ouvrage comprend trois parties qui répondent aux trois grands modes de représentation des corps :

1° Projections orthogonales sur deux plans rectangulaires ;

2° Projections orthogonales cotées sur un seul plan ;

3° Perspectives.

Première partie. — Nous y avons fait deux divisions principales :

1° Étude des polyèdres et de leurs éléments ;

2° Étude des surfaces courbes.

La première a tout d'abord trait à la représentation pure et simple des polyèdres par leurs projections. Nous commençons naturellement par les éléments des polyèdres, c'est-à-dire par le point, la ligne droite et le plan.

Nous nous sommes étendus à dessein sur ce sujet, pensant qu'on a vaincu une grande difficulté lorsqu'on est parvenu à trouver facilement les projections d'un corps dont les dimensions sont données numériquement, et que l'on s'est rendu familière la lecture d'une épure. Les projections du point, de la ligne droite, la représentation d'un plan par ses traces, sont immédiatement suivies du changement des plans de projection, de la section plane des polyèdres et de la détermination en vraie grandeur de l'intersection.

Ensuite viennent les problèmes fondamentaux sur la ligne droite et le plan, c'est-à-dire ce qui se rapporte à la vraie grandeur d'une droite, à ses traces, aux ombres, à la construction de plans déterminés par certaines conditions, aux plans parallèles, aux intersections de plans entre eux, de droites et de plans, à la théorie générale des rabattements avec des applications à la section plane des polyèdres, aux angles, aux distances, aux rotations, puis à la sphère.

Dans la deuxième division, nous avons traité complétement le programme de 4ᵉ année, relatif aux surfaces, aux plans tangents, aux sections planes du cylindre et du cône et aux intersections de surfaces entre elles. Nous y avons joint une théorie élémentaire des surfaces développables, des surfaces gauches, des applications aux constructions de stéréotomie, telles que portes, voûtes, biais passé ; enfin quelques indications générales sur la vis à filet carré, la vis à filet triangulaire et les escaliers.

Deuxième partie. — Elle offre l'étude des plans cotés, la solution de tous les problèmes sur le point, la ligne droite et le plan étudiés déjà dans la première partie, le levé des plans, de nivellement et les applications à la topographie.

Troisième partie. — Elle comprend les perspectives conique, cavalière et axonométrique, la construction des cartes, la représentation des assemblages et celle des fermes de charpente.

À la fin de chaque chapitre, ainsi qu'à la fin du livre, nous avons placé un très-grand nombre d'exercices qui viennent compléter certaines études. Pour les plus difficiles, nous avons en quelques mots esquissé la solution, afin que l'élève ne s'égarât pas trop loin. Nous recommandons surtout les questions numériques, qui exercent plus sûrement l'intelligence et répondent aux nécessités des examens ; elles ont été pour la plupart données dans les différents concours ou posées dans les diverses facultés aux candidats au diplôme de l'enseignement spécial. Elles seront donc pour eux d'une précieuse indication.

TABLE DES MATIÈRES

GÉOMÉTRIE DESCRIPTIVE

BUT DE LA GÉOMÉTRIE DESCRIPTIVE.

Le dessin ordinaire des corps à trois dimensions n'est généralement qu'une image représentant ces corps tels qu'ils nous apparaissent, vus d'un point particulier de l'espace. Il ne donne ni la forme réelle des objets ni leurs dimensions exactes. Il ne répond pas au but qu'on se propose dans les arts, qui est de pouvoir reproduire, à l'aide de la figure que l'on a sous les yeux, le corps en question.

Une représentation particulière est donc nécessaire. — La géométrie descriptive supplée à l'inconvénient que nous venons de signaler. Nous ne saurions mieux définir cette science qu'en empruntant quelques lignes au Discours d'ouverture du Cours de géométrie supérieure de M. Chasles.

« La géométrie descriptive a pour objet de représenter sur un plan, surface à deux dimensions, les corps qui en ont trois; en d'autres termes, de réunir dans une figure plane tous les éléments nécessaires pour faire connaître la forme et la position dans l'espace d'une figure à trois dimensions.

« Sous ce point de vue général, on conçoit que la géométrie descriptive a dû exister dans tous les temps. Et, en effet, c'est par des dessins sur une aire plane que les appareilleurs et les charpentiers ont, dans tous les temps, déterminé les formes des corps à trois dimensions qu'ils avaient à construire.

« Toutefois on n'avait pas songé à rattacher les questions de cet art à un petit nombre d'opérations abstraites et élémentaires, et surtout à présenter celles-ci dans un traité spécial et sous un titre particulier qui leur donnât un caractère de doctrine indépendant des pratiques, d'où il avait suffi de les faire sortir.

1

C'est là ce que Monge a conçu et ce qu'il a exécuté avec infiniment de talent.

« Quant aux applications spéciales et les plus fréquentes de cet art, ce sont la *perspective*, la *construction des reliefs*, la *détermination des ombres*, la *gnomonique*, la *coupe des pierres* et la *charpente*.

« Une foule d'autres travaux, tels que le percement des routes et des canaux dans les pays accidentés, la direction des mines souterraines, le défilement dans la science des fortifications, etc., sont encore du domaine de la géométrie descriptive. »

Ajoutons que le dessin obtenu porte le nom *d'épure*.

PROCÉDÉS EMPLOYÉS EN GÉOMÉTRIE DESCRIPTIVE.

Les procédés employés en géométrie descriptive sont nombreux. Tantôt on représente un solide en le projetant orthogonalement sur deux plans perpendiculaires entre eux, tantôt on fait une projection orthogonale cotée sur un seul plan, tantôt on fait une projection conique ou même une projection oblique sur un plan vertical. De là *trois parties bien distinctes* dans la géométrie descriptive :

1° *La méthode des projections orthogonales sur deux plans;*

2° *La méthode des plans cotés;*

3° *Les perspectives.*

PREMIÈRE PARTIE

PROJECTIONS ORTHOGONALES SUR DEUX PLANS RECTANGULAIRES.

1. Il y a deux espèces de corps à représenter : les **polyèdres** et les **corps ronds.** Par conséquent, *deux sections principales à faire dans cette première partie.*

La *première section* comprend tout ce qui a rapport aux **éléments des polyèdres,** c'est-à-dire au point, à la ligne droite, au plan, et aux **polyèdres eux-mêmes ;** c'est ce qui constitue les matières du programme de troisième année de l'enseignement spécial.

La *seconde section* renferme tout ce qui a trait **aux surfaces,** c'est-à-dire aux plans tangents, aux contours apparents, aux intersections de surfaces, avec les applications qui en résultent.

PREMIÈRE SECTION.

ÉTUDE DES POLYÈDRES.

2. L'étude des polyèdres usuels peut comprendre deux divisions principales :

1° *Représentation pure et simple des polyèdres par leurs projections ;*

2° *Problèmes fondamentaux sur les polyèdres et leurs éléments.*

PREMIÈRE DIVISION.

REPRÉSENTATION PURE ET SIMPLE DES POLYÈDRES.

3. Dans un **polyèdre,** on distingue *des points, des lignes, droites* et *des plans ;* il est naturel d'apprendre à représenter ces éléments avant d'aborder les polyèdres eux-mêmes. Nous ferons donc quatre chapitres dans cette première division :

Le 1ᵉʳ traitera *du point ;*

Le 2ᵉ   —   *de la ligne droite ;*

Le 3ᵉ   —   *du plan ;*

Le 4ᵉ   —   *des polyèdres.*

CHAPITRE PREMIER.

DU POINT.

4. On appelle *projection d'un point* A *sur un plan* MN le pied a de la perpendiculaire Aa, abaissée de ce point sur le plan (fig. 1).

5. Remarque. — Étant donnée la projection a d'un point de l'espace, ce point n'est pas déterminé, car tous les points de la perpendiculaire Aa répondent à la question. Cette indétermination n'a plus lieu si l'on donne les projections du point sur deux plans perpendiculaires entre eux, comme nous allons le voir.

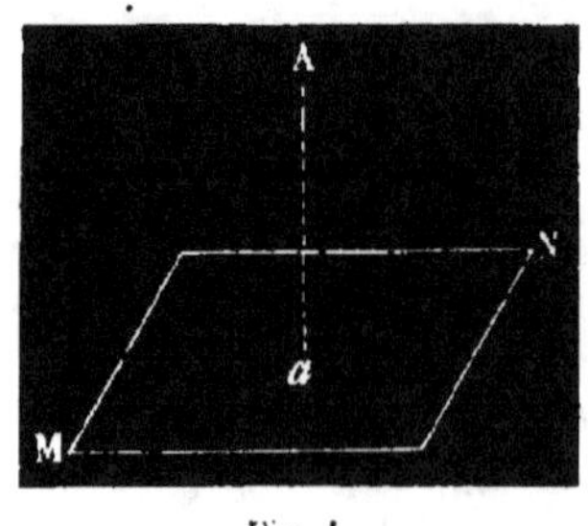

Fig. 1.

6. Des deux plans de projection. — L'un de ces plans MN est horizontal et s'appelle pour cela **plan horizontal.**

Le second plan PQ, qui lui est perpendiculaire, est naturellement appelé **plan vertical**; leur intersection LT porte le nom de **ligne de terre.**

7. Des quatre angles dièdres. — Le plan horizontal est partagé en deux parties par LT: en avant, la *partie antérieure;* en arrière, la *partie postérieure.* Le plan vertical est aussi partagé en deux parties : au-dessus du plan horizontal, on a la *partie supérieure;* au-dessous, la *partie inférieure* (fig. 2).

Les deux plans de projection forment entre eux quatre *angles dièdres.* Le premier, PLTN, dans lequel on suppose situé le spectateur, qui regarde en même temps le plan vertical, est l'angle dièdre *antérieur supérieur;* le second est l'angle *postérieur supérieur,* le troisième, l'angle *postérieur inférieur,* le quatrième, l'angle *antérieur inférieur.*

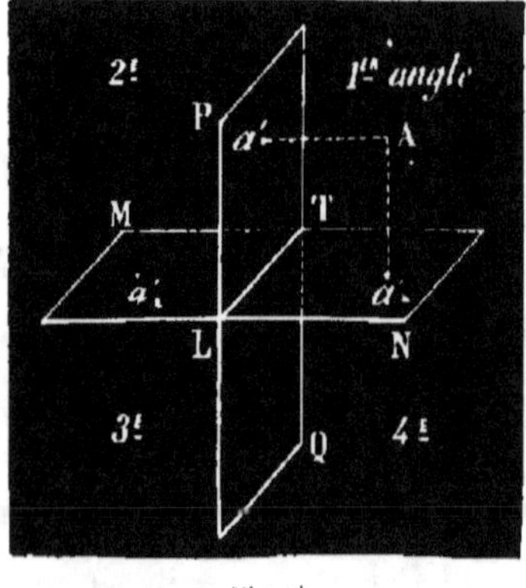

Fig. 2.

8. Projections d'un point A. — Soit maintenant un point A de l'espace; projetons-le sur les deux plans. La projection a de ce point sur le plan horizontal est sa projection horizontale;

on l'indique par une petite lettre non accentuée. (Cette petite lettre est celle qui correspond à la grande lettre du point de l'espace.) La projection a' du même point sur le plan vertical est sa projection verticale, qui s'indique toujours par la même lettre accentuée.

9. Épure du point A. — On ne pourrait effectuer aucune construction dans l'espace; il n'est donc pas possible de laisser les plans de projection tels qu'ils sont. On rabat le plan vertical sur le plan horizontal en le faisant tourner d'*avant en arrière* autour de la ligne de terre. La projection verticale a' du point A vient quelque part sur le plan horizontal en a'_{i}. Si l'on construit maintenant un dessin représentant la ligne de terre et les deux projections du point donné, on a l'épure de ce point (fig. 3).

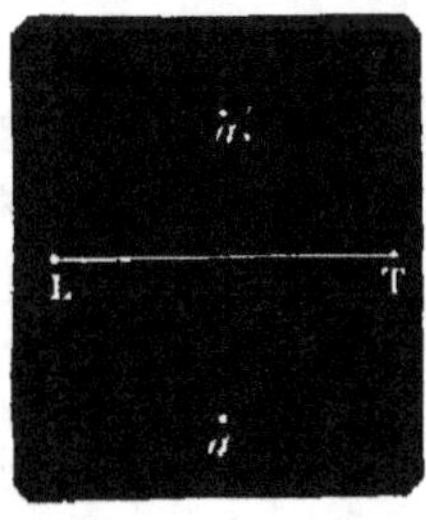

Fig. 3.

10. Remarque. — Dans une *épure*, la partie située au-dessus de la ligne de terre renferme la *partie supérieure du plan vertical* et la *partie postérieure du plan horizontal*; celle qui est au-dessous de la ligne de terre comprend la *partie antérieure du plan horizontal* et la *partie inférieure du plan vertical*.

Établissons maintenant la condition nécessaire et suffisante pour qu'un point de l'espace soit déterminé sur une épure par ses deux projections.

THÉORÈME.

11. *Pour qu'un point de l'espace soit déterminé par ses projections sur une épure, il faut et il suffit que ces projections soient situées sur une même perpendiculaire à la ligne de terre.*

1° *La condition est nécessaire.*

Soient un point A et ses deux projections a et a' (fig. 4).

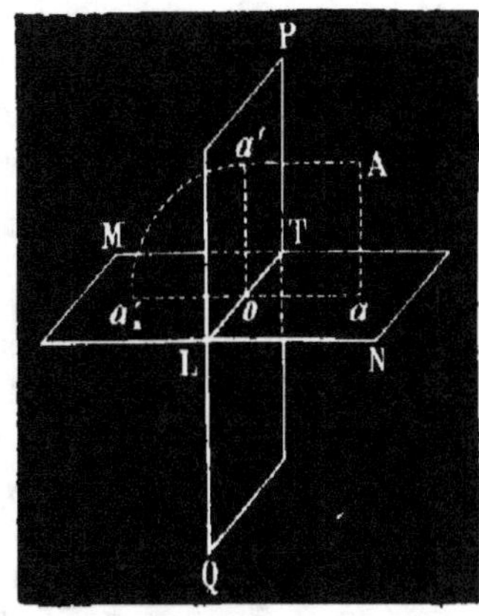

Fig. 4.

Le plan aAa', passant par Aa perpendiculaire au plan horizontal, et par Aa' perpendiculaire au plan vertical, est perpendiculaire à la fois à ces deux plans de projection et par suite à leur intersection LT. Inversement, LT est perpendiculaire au plan aAa'; mais cette ligne est coupée par ce plan en un point O; donc elle est perpendiculaire aux lignes O*a* et O*a'* qui passent par son pied dans le plan.

La ligne O*a'* restera, dans le mouvement du plan vertical, perpendiculaire à LT et viendra alors se rabattre sur le plan horizontal en O*a'*, perpendiculaire en O à LT et par suite dans le prolongement de O*a*. Donc *aa'*, est perpendiculaire à LT.

2° La condition est suffisante.

Si on relève le plan vertical dans sa position première, *oa'*, prend la position *oa'*; or les deux droites *oa* et *oa'* étant perpendiculaires à la ligne de terre déterminent un plan perpendiculaire à cette ligne et par suite perpendiculaire aux deux plans de projection. Donc, si l'on élève au point *a'* une perpendiculaire sur le plan vertical et au point *a* une perpendiculaire sur le plan horizontal, ces deux perpendiculaires seront situées dans le même plan *aoa'*, et comme elles ne seront pas parallèles, elles se rencontreront en un certain point de l'espace ; c'est ce point qui est déterminé par les deux projections *a* et *a'*. c. q. f. d.

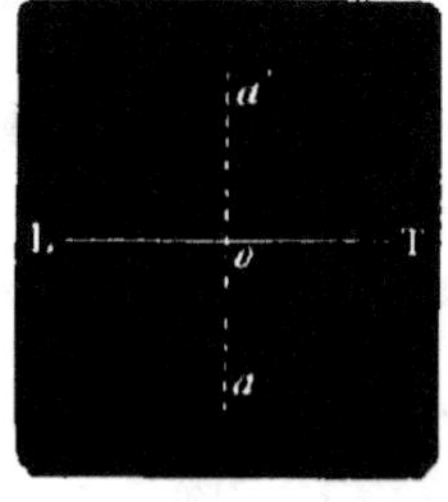

Fig. 5.

Désormais nous ferons l'*épure* d'un point en réunissant ses deux projections par une ligne droite qui sera perpendiculaire à la ligne de terre (fig. 5).

DISTANCE D'UN POINT AUX DEUX PLANS DE PROJECTION.

THÉORÈME.

12. *La distance d'un point au plan horizontal est indiquée sur une épure par la distance de sa projection verticale à la ligne de terre ; et sa distance au plan vertical est représentée par la distance de sa projection horizontale à la ligne de terre.*

En effet, dans la figure 4, le quadrilatère A*aoa'* est un rectangle, car les angles sont droits. (L'angle *a* est droit parce que A*a* étant perpendiculaire au plan MN est perpendiculaire à *ao* qui passe par son pied dans le plan ; l'angle *a'* est droit pour une raison analogue ; et l'angle *aoa'* est droit comme étant l'angle plan correspondant du dièdre formé par les deux plans de projection ; le quatrième angle est alors forcément droit.) Or dans un rectangle les côtés opposés sont égaux : donc la ligne A*a* qui mesure la distance du point A au plan horizontal est égale à *a'o*, distance de la projection verticale à la ligne de terre ; enfin la ligne A*a'*, qui représente la distance du même point au plan vertical, est égale à *ao*, distance de la projection horizontale à la ligne de terre. c. q. f. d.

DIFFÉRENTES POSITIONS D'UN POINT DANS L'ESPACE.

13. Lorsqu'un point est au-dessus du plan horizontal, sa projection verticale est située sur la partie supérieure du plan vertical, et, dans l'épure, au-dessus de la ligne de terre; s'il est au-dessous du plan horizontal, sa projection verticale est située sur la partie inférieure du plan vertical, et, par suite, dans l'épure, au-dessous de la ligne de terre.

De même, quand le point est en avant du plan vertical, sa projection horizontale est au-dessous de la ligne de terre; et quand il est en arrière, sa projection horizontale est au-dessus de la ligne de terre, parce qu'elle est située dans la partie postérieure du plan horizontal.

Il est maintenant facile de se rendre compte de la position respective des projections d'un point situé dans l'un ou l'autre des quatre angles dièdres.

Dans le **1er angle**, *la projection horizontale est au-dessous et la projection verticale au-dessus de la ligne de terre.*

Dans le **2e angle**, *les deux projections sont au-dessus de la ligne de terre.*

Dans le **3e et le 4e angle**, *on a des épures inverses de celles obtenues dans le 1er et le 2e angle.*

Il y a deux positions pour lesquelles les projections d'un point se confondent, c'est lorsque le point *est situé sur l'un ou l'autre des plans bissecteurs du 2e et du 4e angle.* En effet, on sait que tout point du plan bissecteur d'un dièdre est à égale distance des faces de ce dièdre; donc le point sera à égale distance des plans de projection; par suite, d'après le théorème précédent, ses projections seront à égale distance de la ligne de terre, et comme, dans le 2e et le 4e angle, les projections sont du même côté de LT, elles se confondront.

Quand un point est situé dans le plan horizontal, sa projection verticale est sur la ligne de terre. On sait en effet que, quand deux plans sont perpendiculaires, toute droite menée d'un point de l'un d'eux perpendiculairement à l'autre est tout entière située dans le premier. Donc, si on abaisse du point situé dans le plan horizontal une perpendiculaire sur le plan vertical, elle sera tout entière sur le plan horizontal; le pied de cette perpendiculaire, c'est-à-dire la projection verticale du point, est donc sur les deux plans de projection et par suite sur leur intersection LT.

On ferait une démonstration analogue pour prouver que, *quand un point est dans le plan vertical, sa projection horizontale est sur la ligne de terre.*

Enfin un point situé sur la ligne de terre se confond avec ses deux projections.

Nous résumerons dans la figure suivante les différentes positions d'un point :

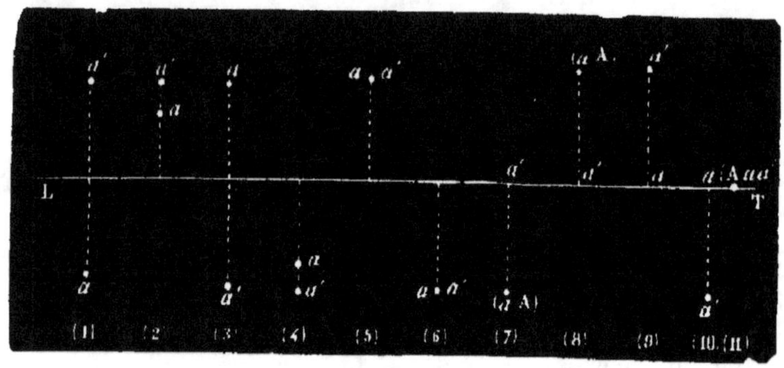

Fig. 6.

(1) Point situé dans le premier angle.
(2)   —   —   le second angle.
(3)   —   —   le troisième angle.
(4)   —   —   le quatrième angle.
(5)   —   sur le plan bissecteur du second angle.
(6)   —   —   —   du quatrième angle.
(7)   —   sur la partie antérieure du plan horizontal.
(8)   —   sur la partie postérieure   —
(9)   —   sur la partie supérieure du plan vertical.
(10)   —   sur la partie inférieure   —
(11)   —   sur la ligne de terre.

CHANGEMENT DU PLAN VERTICAL DE PROJECTION.

14. Dans une foule de questions, pour les commodités de l'épure, on est obligé de changer le plan vertical de projection ; le plan horizontal ne se déplace guère que parallèlement à lui-même. On doit se demander ce que deviennent les projections d'un point quand on déplace le plan vertical, le plan horizontal ne changeant pas et le nouveau plan vertical lui restant toujours perpendiculaire (fig. 7).

Soit un point A de l'espace donné par ses deux projections

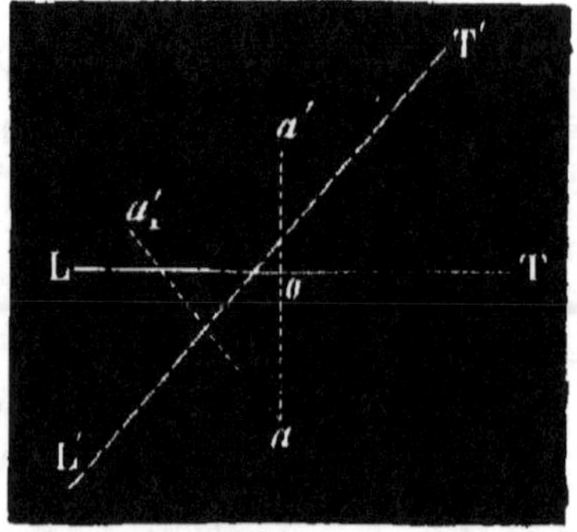

Fig. 7.

aa'; on déplace le plan vertical et L'T' est la nouvelle ligne de terre. Il est clair que la projection horizontale n'a pas changé; or les deux projections d'un même point sont toujours situées sur une même perpendiculaire à la ligne de terre; la nouvelle projection verticale est donc située sur la perpendiculaire ao' abaissée du point a sur L'T'. Mais la distance du point au plan horizontal n'a pas varié; par conséquent, la distance de la projection verticale à la ligne de terre est constante; portons alors une longueur $o'a'_1$ égale à oa' et nous aurons en a'_1 la nouvelle projection verticale du point.

PROBLÈMES SUR LE CHAPITRE PREMIER.

1. Construire les projections d'un point situé :

1° A 4 mètres au-dessus du plan horizontal et à 3 mètres en avant du plan vertical;

2° A 1 mètre au-dessus du plan horizontal et à 2 mètres en arrière du plan vertical;

3° A 4 mètres au-dessous du plan horizontal et à 1 mètre en arrière du plan vertical;

4° A 3 mètres au-dessous du plan horizontal et à 5 mètres en avant du plan vertical.

2. Trouver les projections d'un point du plan horizontal situé :

1° A 2 mètres en avant du plan vertical;

2° A 3 mètres en arrière du plan vertical.

3. Trouver les projections d'un point du plan vertical situé :

1° A 2 mètres au-dessus du plan horizontal;

2° A 3 mètres au-dessous du plan horizontal.

4. Quelle position doit occuper un point de l'espace pour que ses deux projections se confondent :

1° Au-dessus de la ligne de terre;

2° Au-dessous de cette ligne?

5. Quelle doit être la position d'un point pour qu'il se confonde :

1° Avec sa projection horizontale;

2° Avec sa projection verticale;

3° Avec ses deux projections?

6. Un point situé dans le premier angle est à 3 mètres du plan horizontal et à 5 mètres du plan vertical :

1° Faire mouvoir le plan horizontal parallèlement à lui-même de manière qu'il ne soit plus qu'à 1 mètre du point;

2° Faire mouvoir le plan vertical parallèlement à lui-même de manière qu'il ne soit plus qu'à 3 mètres du point.

3° Trouver la projection du point sur un nouveau plan vertical faisant 45° avec le premier et situé à 2 mètres du point.

7. Les distances du point aux plans de projection restant les mêmes, supposer le point dans le deuxième angle, dans le troisième, dans le quatrième, et faire les mêmes changements de plans.

CHAPITRE II.

DE LA LIGNE DROITE

15. On appelle *projection d'une ligne* AB *sur un plan* MN le lieu géométrique *ab* des projections de tous ses points sur ce plan.

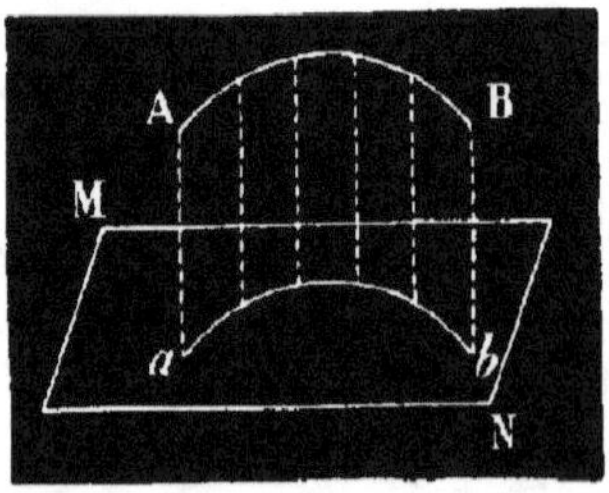

THÉORÈME.

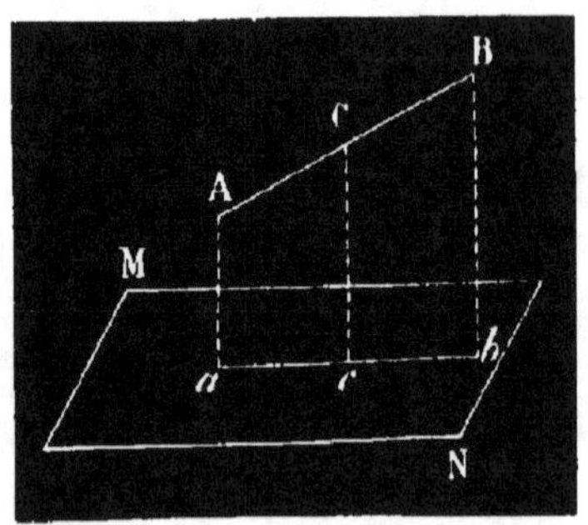

Fig. 8.

16. *La projection d'une ligne droite sur un plan est une ligne droite* (fig. 9).

Soient une ligne AB et un plan MN; abaissons du point A une perpendiculaire A*a* sur ce plan; le point *a* est la projection du point A. Les deux lignes AB et A*a* déterminent un plan qui coupe le plan MN suivant la ligne droite *ab*. Je dis que *ab* est la projection de AB sur le plan MN; il suffit, pour le prouver, de démontrer que la projection d'un point C quelconque de cette ligne est située sur la droite *ab*. Or le plan BA*a* mené suivant une perpendiculaire A*a* au plan MN est perpendiculaire à ce plan; donc la perpendiculaire abaissée d'un point C de ce plan y est contenue tout entière; le pied de cette perpendiculaire, c'est-à-dire la projection du point C, est par suite situé sur *ab*. C. Q. F. D.

Fig. 9.

Conséquence. — Pour trouver la projection d'une ligne droite sur un plan, il suffit de trouver les projections de deux de ses points et de les joindre par une ligne droite.

17. Plan projetant. — On appelle *plan projetant* une ligne droite AB sur un plan MN, le plan BA*ab* passant par cette ligne et qui est perpendiculaire à MN. Le plan projetant une ligne contient toutes les perpendiculaires abaissées des différents points de la ligne sur le plan de projection.

18. Épure d'une ligne droite. — Soit une droite AB de l'espace; on trouve ses projections sur les deux plans coordonnés MN et PQ en déterminant les projections horizontales et verticales de deux de ses points A et B, et en joignant par des droites les projections de même nom (fig. 10).

On fait ensuite tourner le plan vertical *d'avant en arrière* autour de la ligne de terre pour le rabattre sur le plan horizontal; la projection $a'b'$ vient en $a'_1b'_1$, de telle sorte que les deux projections d'un même point de la droite se trouvent sur une même perpendi-

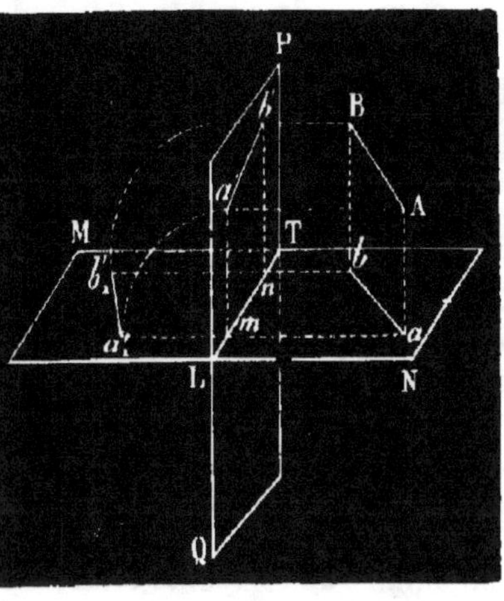

Fig. 10.

culaire à la ligne de terre. La figure 11 comprenant ces deux projections et la ligne de terre est l'épure de la ligne AB.

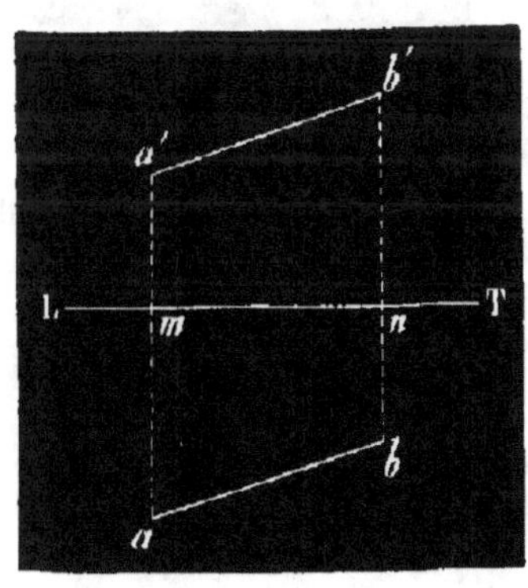

Fig. 11.

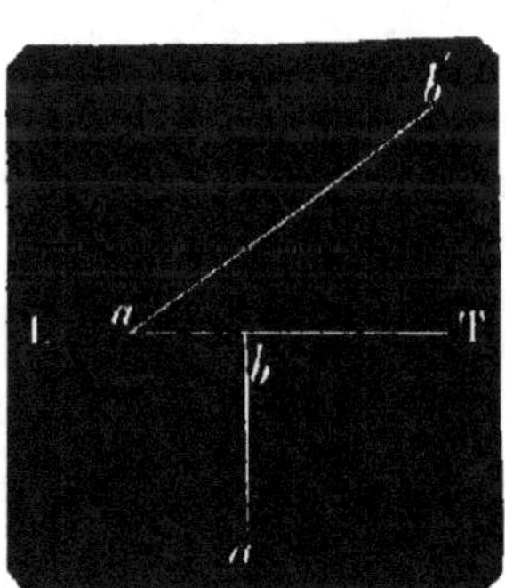

Fig. 12.

On nomme projection horizontale d'une droite sa projection sur le plan horizontal, et projection verticale sa projection sur le plan vertical.

Remarque. — Les projections d'une ligne droite non limitée à deux points sont des droites indéfinies tracées sur les deux plans de projection; c'est ainsi que l'on représente ordinairement une droite de l'espace (fig. 13).

En général, une ligne de l'espace étant donnée, ses deux projections sont déterminées; mais à quelle condition deux droites quelconques tracées sur les plans de projection seront-elles les projections d'une droite de l'espace?

THÉORÈME.

19. *Pour qu'une droite de l'espace soit déterminée par deux droites tracées sur les plans coordonnés comme projections, il faut et il suffit qu'aucune de ces projections ne soit perpendiculaire à la ligne de terre.*

1° *La condition est nécessaire* (fig. 12).

Supposons que la projection verticale *a'b'* soit oblique à la ligne de terre, tandis que la projection horizontale *ab* est perpendiculaire à cette ligne; je dis que *ces deux projections ne peuvent représenter aucune droite de l'espace.* En effet, les deux projections d'un même point étant sur une même perpendiculaire à la ligne de terre, tout point de la projection verticale doit avoir son correspondant sur la projection horizontale, ce qui est impossible dans ce cas.

2° *La condition est suffisante* (fig. 13).

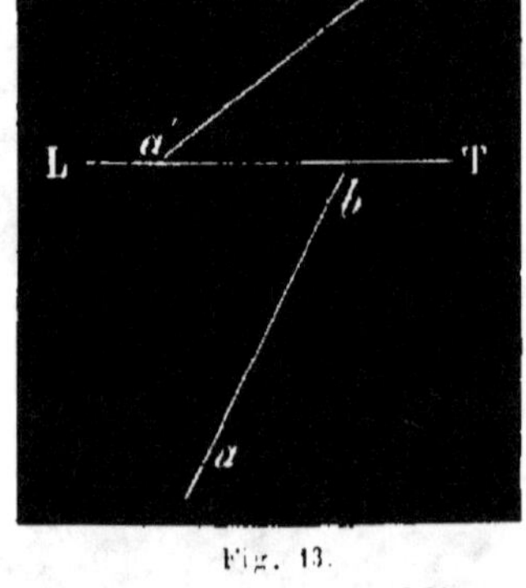

Fig. 13.

Supposons que les deux projections *ab* et *a'b'* soient obliques à la ligne de terre, je dis *qu'elles représentent une droite de l'espace.*

Imaginons que le plan vertical de projection soit ramené dans sa position première; menons par *ab* un plan P perpendiculaire au plan horizontal, et par *a'b'* un plan Q perpendiculaire au plan vertical; ces deux plans ne sauraient être parallèles; car si Q était parallèle à P il serait perpendiculaire au plan horizontal, et comme il l'est déjà au plan vertical il serait perpendiculaire à la ligne de terre et son intersection *a'b'* avec le plan vertical serait perpendiculaire à cette ligne, ce qui est contraire à l'hypothèse. P et Q n'étant pas parallèles se coupent suivant une ligne droite; c'est cette droite que déterminent les deux projections *ab* et *a'b'*. C. Q. F. D.

DIFFÉRENTES POSITIONS D'UNE LIGNE DROITE.

20. Une ligne droite peut occuper *trois positions particulières* par rapport aux plans de projection:

1° *La droite est parallèle à l'un des plans de projection, puis à la ligne de terre;*

2° *La droite est perpendiculaire à l'un des plans de projection;*

3° *La droite est située dans un plan perpendiculaire à LT.*

THÉORÈME.

21. *Lorsqu'une ligne droite est parallèle à l'un des plans de projection, sa projection sur l'autre plan est parallèle à la ligne de terre.*

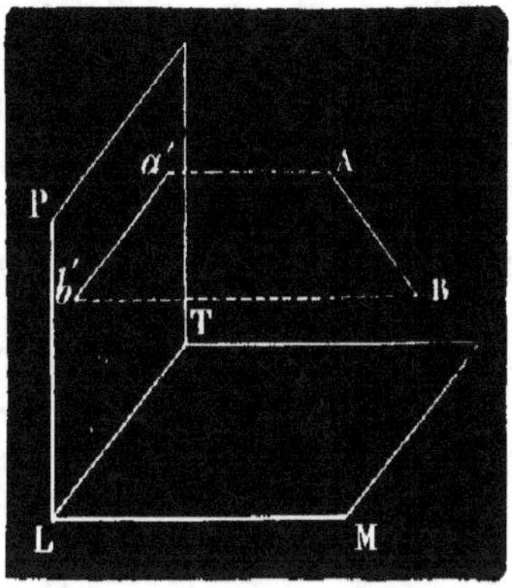

Soit une ligne AB parallèle au plan horizontal, je dis que sa projection verticale est parallèle à la ligne de terre (fig. 14).

La perpendiculaire Aa' abaissée du point A sur le plan vertical est parallèle au plan horizontal; or les deux droites Aa' et AB, qui sont parallèles au plan horizontal, déterminent un plan qui lui est parallèle.

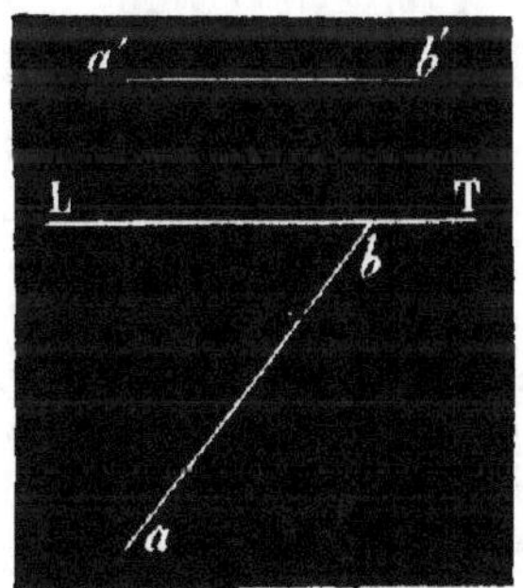

Fig. 14.

Par conséquent, les deux lignes droites LT et $a'b'$ sont parallèles comme intersections de deux plans parallèles par un troisième. La figure 15 est l'épure d'une ligne droite parallèle au plan horizontal.

On démontrerait de la même manière que *si une droite est parallèle au plan vertical sa projection horizontale est parallèle à la ligne de terre.*

La figure 16 représente une ligne droite parallèle au plan vertical.

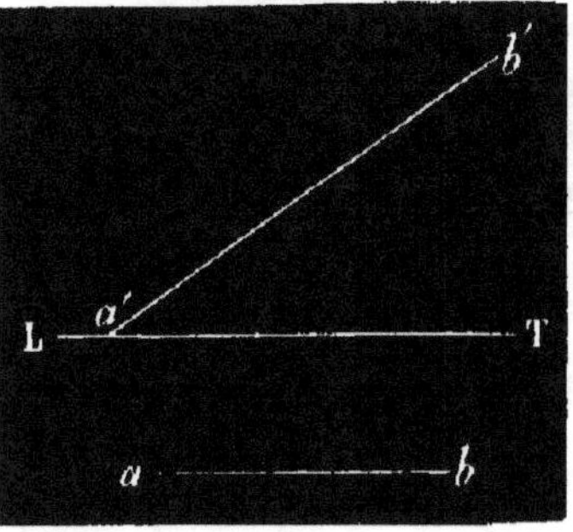

Fig. 15.

22. Remarque I. — Lorsqu'une ligne droite est parallèle à un plan, elle est parallèle à sa projection sur ce plan (car elle ne peut la rencontrer et toutes deux sont situées dans le même plan, le plan projetant la droite donnée). Par suite, si la droite est limitée, elle se projette en vraie grandeur.

Remarque II. — On voit de là que, si une droite est parallèle au plan horizontal,

Fig. 16.

l'angle de la droite et du plan vertical, c'est-à-dire l'angle de la droite et de sa projection verticale, égale l'angle que fait la projection horizontale avec LT. Ces deux angles ont en effet (21 et 22) leurs côtés parallèles et de même sens.

De même, la droite parallèle au plan vertical fait avec le plan horizontal un angle égal à celui que fait la projection verticale avec la ligne de terre.

23. Corollaire. — *Lorsqu'une ligne droite est parallèle à la ligne de terre, ses deux projections sont parallèles à cette ligne.*

En effet, quand une droite de l'espace est parallèle à une ligne tracée dans un plan, elle est parallèle à ce plan. Si une ligne de l'espace est parallèle à la ligne de terre, elle est alors parallèle aux deux plans de projection, et par suite ses deux projections sont parallèles à la ligne de terre (21).

THÉORÈME.

24. *Si une ligne est perpendiculaire à l'un des plans de projection, sa projection sur ce plan est un point, et sur l'autre c'est une perpendiculaire à la ligne de terre, qui, prolongée, passe par le point* (fig. 17).

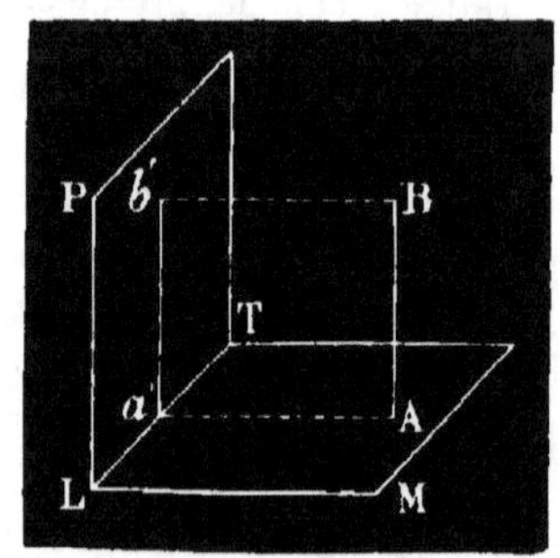

Soit la ligne AB perpendiculaire au plan horizontal. La projection horizontale est évidemment le point A ; soit $b'a'$ la projection verticale. Le plan AB$b'a'$, qui la détermine, est perpendiculaire aux deux plans de projection, comme passant par des droites perpendiculaires à ces plans, et par suite perpendiculaire à LT. Inversement, LT est perpendiculaire à $a'b'$. La projection verticale est donc

Fig. 17.

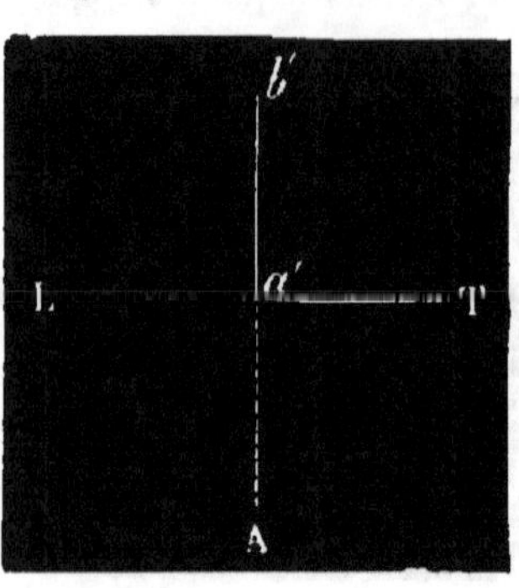

Fig. 18.

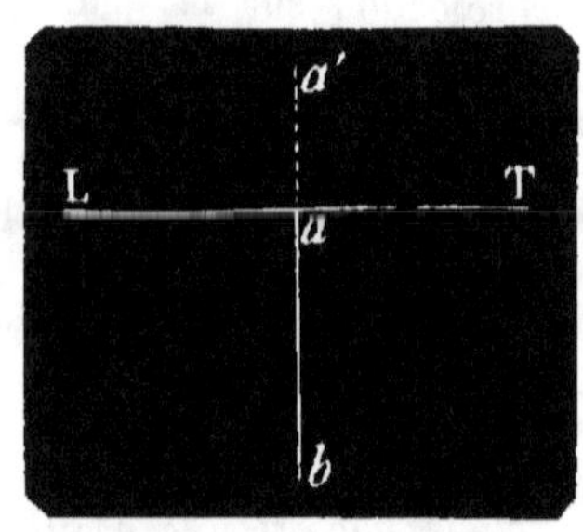

Fig. 19.

perpendiculaire en a' à LT et dans le prolongement de a'A.

Même demonstration pour *une droite perpendiculaire au plan vertical*. C'est la projection horizontale qui est perpendiculaire à LT.

Les figures 18 et 19 représentent, la première une perpendiculaire au plan horizontal, la seconde une perpendiculaire au plan vertical.

DROITE SITUÉE DANS UN PLAN PERPENDICULAIRE
A LA LIGNE DE TERRE.

25. Une droite située dans un plan perpendiculaire à la ligne de terre n'est pas déterminée par ses deux projections, car elles se confondent avec une même perpendiculaire à la ligne de terre. On détermine cette droite en donnant les projections de deux de ses points, comme l'indique la figure 20.

26. Remarque. — Un segment de ligne droite peut occuper l'une ou l'autre de ces positions particulières dans l'un quelconque des quatre angles dièdres.

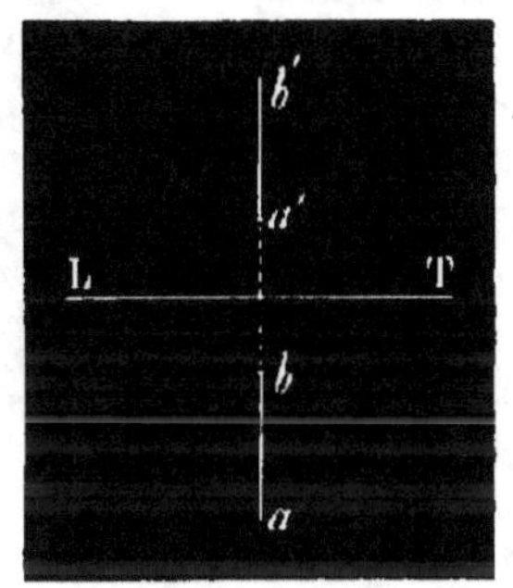

Fig. 20.

Nous engageons le lecteur à s'exercer à construire les projections d'une droite dans toutes les positions possibles.

DROITES PARALLÈLES.

THÉORÈME.

27. *Quand deux droites de l'espace sont parallèles, leurs projections de même nom le sont aussi* (fig. 21).

Soient AB et CD deux droites parallèles. Je détermine leurs projections *ab* et *cd* sur le plan horizontal MN. Je dis que ces deux lignes sont parallèles. En effet, les angles BA*a*, DC*c* ont leurs côtés parallèles et dirigés dans le même sens. (AB est parallèle à CD par hypothèse, A*a* est parallèle

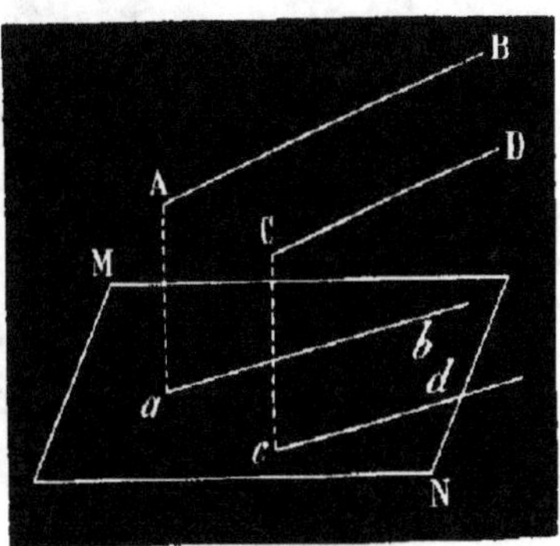

Fig. 21.

à C*c* comme perpendiculaires au plan MN.) Ces angles sont donc égaux et leurs plans parallèles; *ab* et *cd*, intersections de ces plans parallèles par le plan MN, sont par suite des lignes parallèles entre elles. C. Q. F. D.

La démonstration serait analogue *pour le plan vertical.*

Réciproquement. — *Si les projections de même nom de deux droites de l'espace sont parallèles, ces droites sont parallèles.*

Soient deux droites de l'espace AB et CD déterminées par leurs projections *ab, a'b'; cd, c'd',* et supposons que les projections de même nom soient parallèles (fig. 22).

Relevons le plan vertical et menons les plans projetants de ces droites; les plans passant par les projections de même nom sont parallèles.

On forme ainsi deux angles dièdres dont les faces sont parallèles deux à deux.

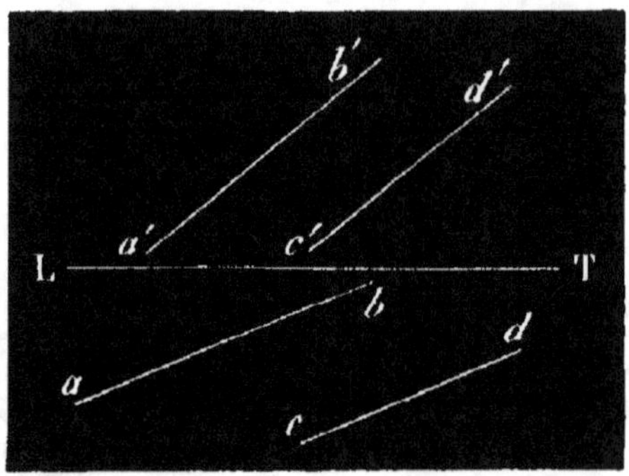

Fig. 22.

Les arêtes de ces dièdres, c'est-à-dire les droites AB et CD, sont donc parallèles. C. Q. F. D.

CHANGEMENT DU PLAN VERTICAL.

28. Soient la droite *ab, a'b'* et LT la nouvelle ligne de terre.

La projection horizontale ne change pas; pour trouver la nouvelle projection verticale, il suffit de trouver les nouvelles projections de deux points.

La figure 23 indique clairement les constructions à faire.

$$aa'_1,\ bb'_1$$

sont perpendiculaires à L'T'.

$$c_1a'_1 = ca' ;\ d_1b'_1 = db'.$$

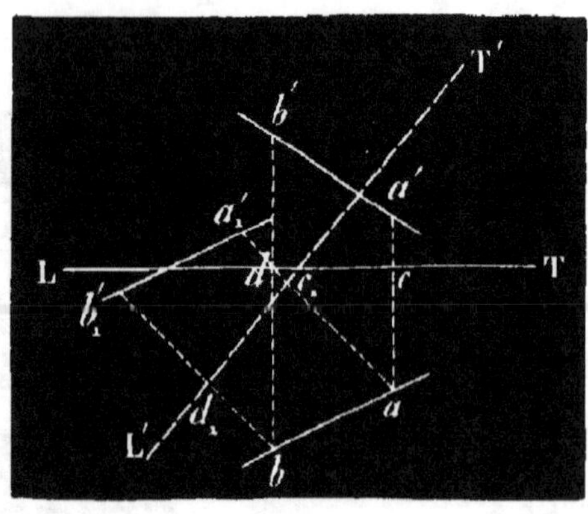

Fig. 23.

PROBLÈMES SUR LE CHAPITRE II.

8. Trouver les projections d'une ligne droite parallèle au plan horizontal, située à 3 mètres de ce plan et qui fasse un angle de 45° avec le plan vertical.

Prendre sur cette ligne un point situé à 4 mètres du plan vertical.

9. Trouver les projections d'une ligne parallèle au plan vertical, située à 2 mètres de ce plan et qui fasse avec le plan horizontal un angle de 30°. Prendre sur cette ligne un point à 3 mètres du plan horizontal.

10. Une ligne étant parallèle au plan horizontal, changer le plan vertical de manière que la droite donnée devienne parallèle à la ligne de terre.

11. Une droite étant parallèle au plan vertical, changer le plan horizontal de manière que la droite devienne parallèle à la ligne de terre.

12. On donne par ses deux projections une droite limitée à deux points. Changer le plan vertical de manière que la droite donnée s'y projette en vraie grandeur.

13. Mener par un point une parallèle à une ligne quelconque donnée par ses projections.

14. Mener par un point une parallèle à une droite située dans un plan perpendiculaire à la ligne de terre et déterminée par deux points.

15. Projections d'une droite perpendiculaire au plan horizontal :
1° A 2 mètres en avant du plan vertical ;
2° A 3 mètres en arrière de ce plan.

16. Projections d'une droite perpendiculaire au plan vertical :
1° A 4 mètres au-dessus du plan horizontal ;
2° A 2 mètres au-dessous de ce plan.

17. Une droite est située dans un plan perpendiculaire à la ligne de terre et déterminée par les projections de deux de ses points ; changer le plan vertical de projection de manière que la ligne droite s'y projette en vraie grandeur.

18. Un triangle équilatéral de 0^m,20 de côté est parallèle au plan horizontal et a un côté parallèle au plan vertical. Son centre qui est dans le premier angle dièdre est à 0^m,15 du plan horizontal et à 0^m,10 du plan vertical. — Déterminer ses projections.

19. Si une droite rencontre la ligne de terre et que ses projections fassent des angles égaux avec la ligne de terre, quelle est sa situation dans l'espace ?

20. Une droite étant donnée, trouver les points de cette droite situés dans les plans bissecteurs des dièdres formés par les deux plans de projection.

(Il faut un point de cette droite dont les projections soient à égale distance de LT. 1° La droite est dans le premier ou le troisième angle.

On prolonge l'une des projections jusqu'à LT. On fait au point de rencontre avec LT un angle égal à l'angle de cette projection et de LT. Le point où cette ligne rencontre l'autre projection est l'une des projections du point cherché.

Pour le deuxième et le quatrième cas, le problème est résolu de lui-même.)

21. Épures d'une droite située dans les quatre angles dièdres et dans toutes les positions qu'elle peut occuper par rapport aux plansde projection.

22. Épures d'une droite située dans les plans bissecteurs des dièdres des plans de projection.

(Se rappeler que tous les points de la droite sont à égale distance des plans de projection et tels que leurs projections sont à égale distance de LT.)

CHAPITRE III.

DU PLAN.

29. On appelle **traces d'un plan** les intersections de ce plan avec les deux plans de projection. L'intersection du plan avec le

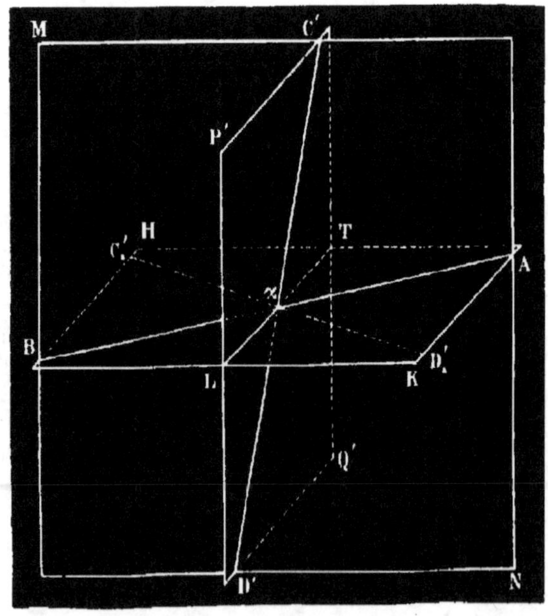

Fig. 24.

plan horizontal est sa *trace horizontale;* son intersection avec le plan vertical est sa *trace verticale.*

On a démontré en géométrie qu'un plan était déterminé :

1° *par deux droites qui se coupent;* 2° *par une droite et un point;*
3° *par trois points non en ligne droite;* 4° *par deux lignes droites
parallèles.* Nous en déduirons qu'en descriptive un plan sera
déterminé : 1° *par les projections de deux droites qui se coupent*
(à ce propos, remarquons que, sur l'épure, la ligne qui joint les
points de rencontre des projections horizontales et des projections verticales doit être perpendiculaire sur LT, car ces deux
points de rencontre sont les projections du point de rencontre
des droites de l'espace) ; 2° *par les projections d'une droite et celles
d'un point;* 3° *par les projections de trois points non en ligne droite;*
4° *par les projections de deux lignes droites parallèles.*

On préfère souvent représenter un plan par ses traces
(fig. 24).

Considérons un plan MN qui coupe la ligne de terre en un
point α et, dont les traces soient
AB et C'D'; ces traces sont deux
lignes droites qui passent par le
point α.

Or deux lignes droites qui se
coupent déterminent un plan. On
peut donc représenter un plan
par ses deux traces. Si l'on fait
tourner le plan vertical autour de
la ligne de terre pour le rabattre
sur le plan horizontal, la trace
verticale C'D' du plan vient en
C'₁D'₁.

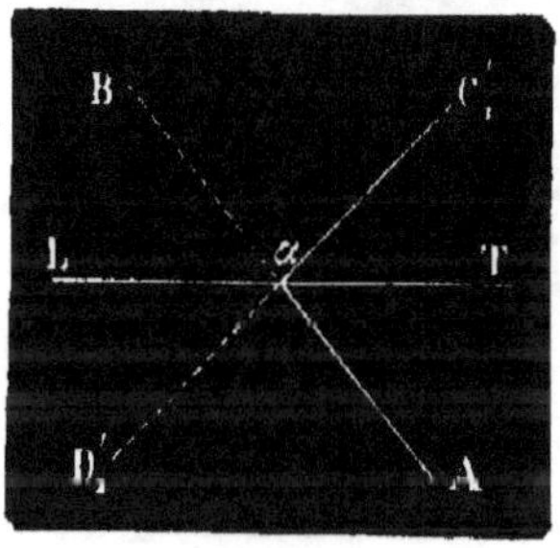

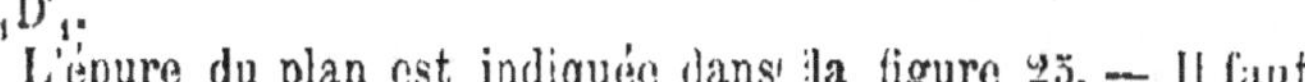

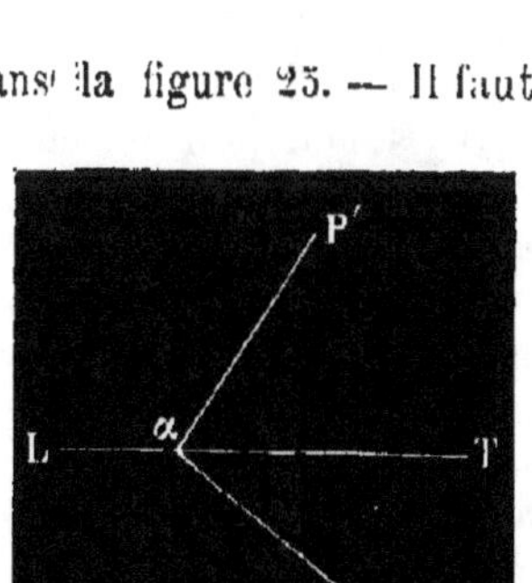

Fig. 25.

L'épure du plan est indiquée dans la figure 25. — Il faut
remarquer que l'angle formé par
les traces sur l'épure n'est pas le
même que celui qu'elles forment
réellement dans l'espace. — Pour·
l'obtenir, il faut relever le plan
vertical.

30. Remarque. — Dans bien
des cas, on n'a besoin que de la
portion du plan située dans le premier angle dièdre; alors on représente le plan par ses traces sur les
deux faces de ce dièdre, comme
l'indique la figure 26. Le plan est

Fig. 26.

P' αP. Mais si dans une question on a besoin des autres portions du plan on prolonge les traces.

DIFFÉRENTES POSITIONS D'UN PLAN.

31. Un plan peut passer *par la ligne de terre*, être *parallèle à cette ligne* ou *la couper*.

32. 1° Plan passant par la ligne de terre. — Un pareil plan n'est pas déterminé, car on en peut faire passer une infinité par une ligne droite. On donne alors en outre la projection de l'un de ses points (ex., fig. 27).

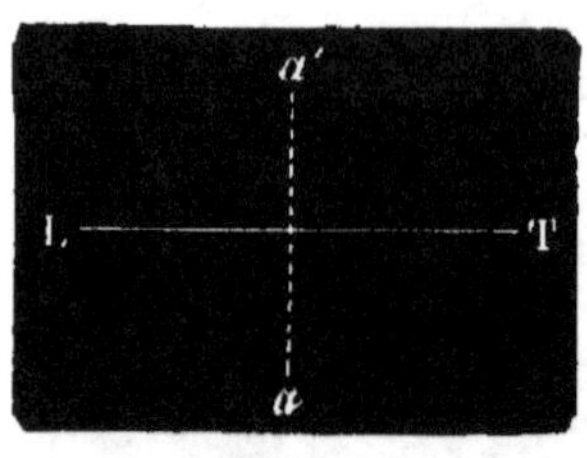

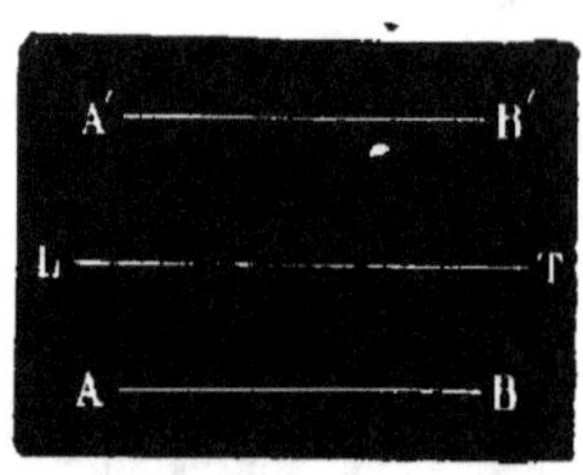

Fig. 27.   Fig. 28.

33. 2° Plan parallèle à la ligne de terre. — Quand un plan est parallèle à la ligne de terre, ses deux traces sont parallèles à cette ligne, car, s'il n'en était pas ainsi, la ligne de terre rencontrerait le plan.

La figure 28 représente un plan parallèle à la ligne de terre.

34. Remarque. — Pour nous rendre compte des différentes positions que peut occuper un plan parallèle à la ligne de terre, coupons les plans de projection par un plan perpendiculaire à la ligne de terre, celui de la feuille par exemple; ces plans seront alors représentés par les lignes droites MN et P'Q'; la ligne de terre se réduira au point L; quant aux plans parallèles à la ligne de terre, ils seront représentés par leurs traces sur le plan du tableau; leurs traces sur les plans de projection se réduiront à des points.

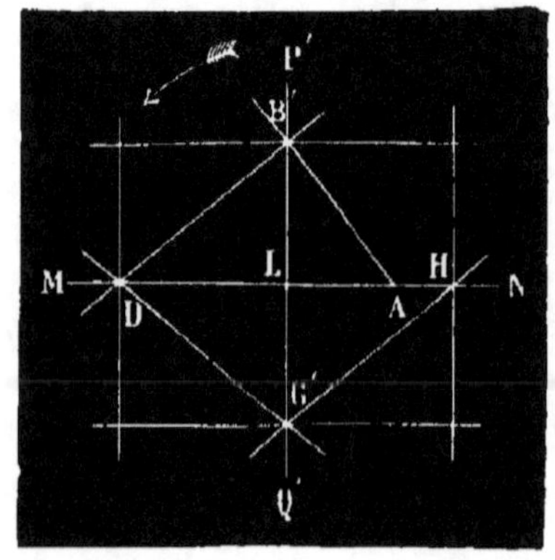

Fig. 29.

Soit le plan AB'; il aura, dans l'épure, sa trace horizontale au-dessous de la ligne de terre et sa trace verticale au-dessus.

Faisons-le tourner autour de sa trace verticale B' jusqu'à ce qu'il devienne parallèle au plan horizontal ; il n'aura plus qu'une trace verticale, située au-dessus de la ligne de terre.

Si on l'amène dans la position B'D, ses deux traces sont au-dessus de la ligne de terre.

Ces traces se confondent quand le plan est perpendiculaire au plan bissecteur du deuxième angle.

En le faisant tourner autour de sa trace horizontale, on l'amène à être parallèle au plan vertical ; il n'a alors plus qu'une trace horizontale, située au-dessus de la ligne de terre.

Enfin il est clair que dans la position DG' la trace horizontale du plan est au-dessus de la ligne de terre et sa trace verticale au-dessous.

Il est facile de continuer ce raisonnement.

35. 3° Le plan coupe la ligne de terre. — Ce cas est le plus général ; nous avons déjà vu qu'on représente le plan par ses deux traces, et que ces traces se coupent en un même point sur la ligne de terre.

Or le plan qui coupe la ligne de terre peut être : 1° *perpendiculaire au plan horizontal;* 2° *perpendiculaire au plan vertical;* 3° *perpendiculaire à la ligne de terre.*

THÉORÈME.

36. *Lorsqu'un plan qui coupe la ligne de terre est perpendiculaire au plan horizontal, sa trace verticale est perpendiculaire à la ligne de terre* (fig. 30).

Soit le plan P'αP perpendiculaire au plan horizontal ; ce plan et le plan vertical étant tous deux perpendiculaires au plan horizontal se coupent suivant une ligne P'α perpendiculaire à ce plan ; cette ligne est donc perpendiculaire à la ligne de terre LT, qui passe par son pied dans le plan.   **C. Q. F. D.**

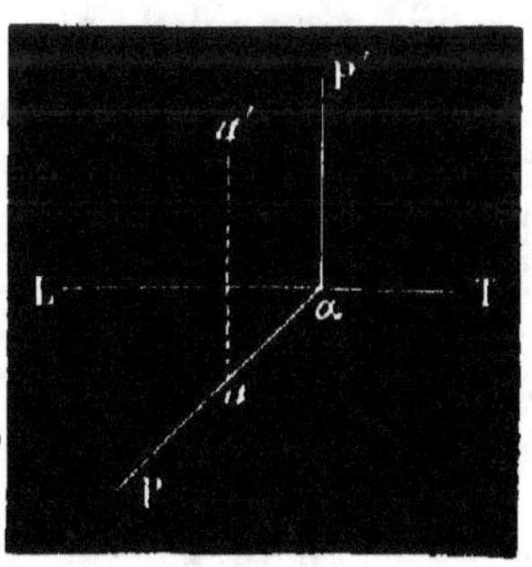

Fig. 30.

Remarque. — Tout point situé dans un plan perpendiculaire au plan horizontal se projette horizontalement sur la trace horizontale de ce plan.

THÉORÈME.

37. *Lorsqu'un plan qui coupe la ligne de terre est perpendiculaire au plan vertical, sa trace horizontale est perpendiculaire à la ligne de terre.*

Démonstration analogue à la précédente (fig. 31).

Remarque. — Tout point situé dans un plan perpendiculaire

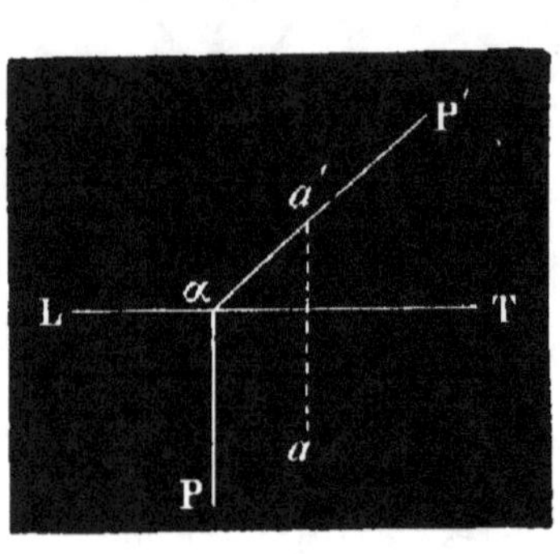

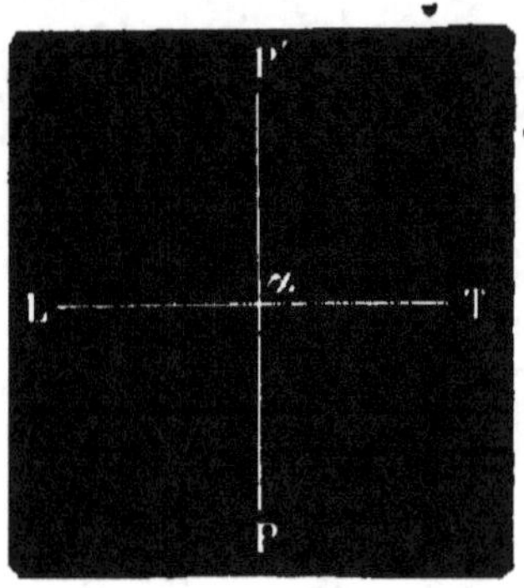

Fig. 31.   Fig. 32.

au plan vertical se projette verticalement sur la trace verticale de ce plan.

THÉORÈME.

38. *Les traces d'un plan perpendiculaire à la ligne de terre se confondent avec une même perpendiculaire à cette ligne* (fig. 32).

Cela résulte des deux théorèmes précédents, car le plan est perpendiculaire aux deux plans de projection.

39. **Changement du plan vertical de projection.** — Soient un plan P'αP et une nouvelle ligne de terre L'T' (fig. 33). — Le plan horizontal ne changeant pas, la trace horizontale du plan donné ne change pas. Il n'y a qu'à trouver la nouvelle trace verticale : or le point α₁, rencontre de la trace horizontale avec la ligne de terre L'T', est un point de la nouvelle trace verticale. Pour en déterminer une deuxième, observons que les deux plans verticaux se coupent suivant une ligne perpendiculaire

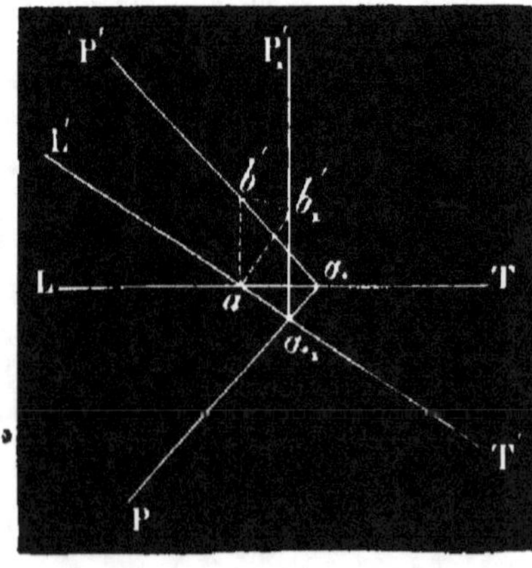

Fig. 33.

au plan horizontal et qui, dans le premier système de projection, se rabat suivant *ab'*, et dans le deuxième système suivant *ab'₁*, égale à *ab'* et perpendiculaire à L'T'. Le point *b'* appartient au plan donné et aux deux plans verticaux; c'est donc un point de la trace verticale du plan dans les deux cas; joignons alors α_1 à b'_1; nous aurons la nouvelle trace verticale cherchée.

Remarque. — On a souvent besoin de rendre un plan donné P'αP perpendiculaire au plan vertical; on déplace alors le plan vertical de manière que la nouvelle ligne de terre L'T' soit perpendiculaire à la trace horizontale Pα; puis on détermine la nouvelle trace verticale comme. précédemment (fig. 34).

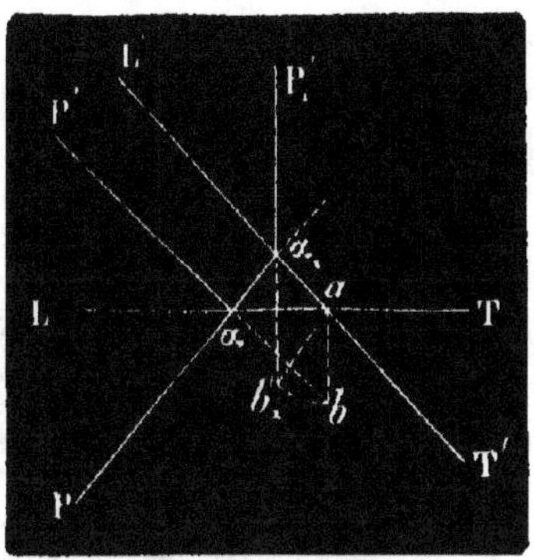

Fig. 34.

PROBLÈMES SUR LE CHAPITRE III.

23. Étant donné un plan quelconque par ses traces, changer le plan vertical de projection de manière que le plan donné devienne parallèle à la ligne de terre.

24. Étant donné un plan quelconque par ses traces, prendre un nouveau plan vertical perpendiculaire au premier et déterminer les nouvelles traces du plan.

25. Étant donné un plan par ses traces, transporter le plan vertical parallèlement à lui-même.

26. Un plan passe par la ligne de terre et un point : déterminer sa trace sur un nouveau plan vertical perpendiculaire au premier.

27. Un plan est perpendiculaire au plan vertical : changer le plan vertical de projection, de manière que le plan donné passe par la nouvelle ligne de terre et un point.

CHAPITRE IV.

REPRÉSENTATION DES POLYÈDRES.

40. 1° Projections d'un cube. — Pour trouver les projections du cube ABCDEFGH, plaçons-le de manière que sa face ABCD soit située dans le plan horizontal, et que la face BCFG soit parallèle au plan vertical (fig. 35).

Projection horizontale. — La projection horizontale du cube est un carré *abcd* dont les côtés sont parallèles ou perpendiculaires à la ligne de terre; ce carré est la projection des deux faces égales ABCD et EFGH. Les quatre sommets a, b, c, d sont les projections des quatre arêtes verticales AH, BG, CF, DE.

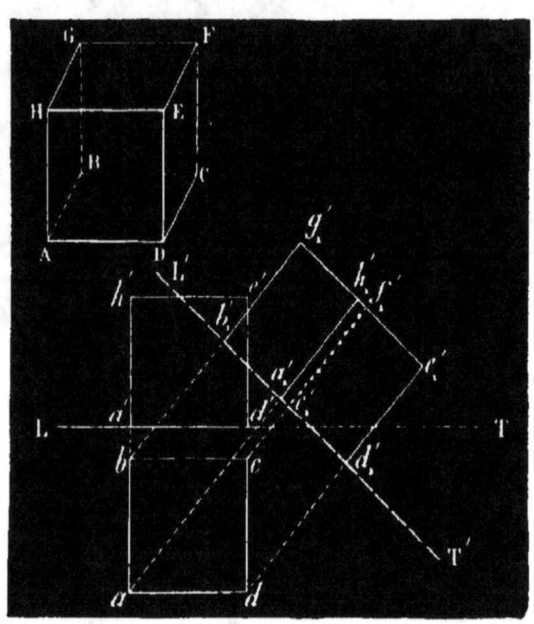

Fig. 35.

Les côtés ab, bc, cd et da sont chacun les projections de deux arêtes du cube; ainsi ab est la projection de AB et de HG; de même bc est la projection de BC et de GF, etc.

Projection verticale. — La face ABCD, étant dans le plan horizontal, se projette verticalement sur la ligne de terre suivant $a'd'$; quant aux arêtes verticales AH, BG, CF et DE, elles se projettent, suivant des perpendiculaires à la ligne de terre, en $a'h'$ et $d'e'$; la face supérieure HGFE se projette suivant la ligne $a'c'$ parallèle à la ligne de terre puisqu'elle forme un plan parallèle au plan horizontal.

Changement du plan vertical. — Soit L'T' la nouvelle ligne de terre; la projection horizontale reste la même; on obtient la nouvelle projection verticale en observant que les deux projections d'un point se trouvent sur une même perpendiculaire à la ligne de terre, et que la projection verticale est à une hauteur constante au-dessus de cette ligne.

41. Parties vues, parties cachées. — Pour distinguer sur la projection horizontale d'un solide les parties vues et les parties cachées, on suppose le spectateur placé à une distance infinie au-dessus du plan horizontal; de sorte que tous les rayons visuels menés aux différents points du corps deviennent *verticaux*.

Un point est vu sur le plan horizontal lorsque le rayon visuel aboutissant à ce point, c'est-à-dire la verticale qui le contient, ne traverse pas le corps; il est caché dans le cas contraire.

S'il s'agit de la projection verticale, on suppose le spectateur à une distance infinie en avant du plan vertical; les rayons visuels aboutissant au corps sont alors perpendiculaires au plan vertical.

Un point est donc vu sur le plan vertical lorsque la perpendiculaire à ce plan menée par le point considéré ne traverse pas le corps; il est caché dans le cas contraire.

Les arêtes *vues* se mettent en *lignes pleines*, les arêtes *cachées* se représentent par des *lignes formées de points ronds*.

Remarque. — Les *lignes de construction* se représentent par des lignes formées de petits traits égaux, mis à des distances égales les uns des autres. Quand certaines de ces lignes sont très-importantes, on met entre les petits traits des points.

42. Projections d'une pyramide triangulaire dont la base repose sur le plan horizontal. — Supposons qu'une pyramide triangulaire repose par sa base sur le plan horizontal; cette base

se confond avec sa projection *abc* (fig. 36). Soit *s* la projection horizontale du sommet; les arêtes de la pyramide sont projetées suivant les droites *as, bs, cs*; elles sont vues toutes les trois sur le plan horizontal, et sont par conséquent tracées en lignes pleines.

La projection verticale de la base est située sur la ligne de terre; la projection verticale du sommet est sur une perpendiculaire à LT menée par *s* et à une distance de cette ligne égale à la hauteur de la pyramide. On obtient

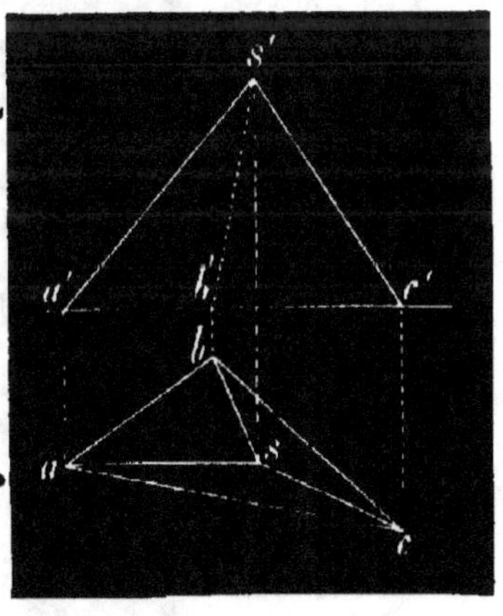

Fig. 36.

alors les projections verticales des arêtes en joignant *s′* à *a′, b′, c′ sabc, s′a′b′c′* sont les projections du solide. (*s′b′* seule est en points.)

Pyramide quelconque. — Les projections d'une pyramide quelconque s'obtiennent absolument de la même manière que celles d'une pyramide triangulaire, avec cette différence que la base est un polygone quelconque au lieu d'être un triangle.

Nous laissons au lecteur le soin de faire la figure.

43. Problème. — *Trouver les projections d'une pyramide triangulaire, connaissant les longueurs des six arêtes.* (La base est sur le plan horizontal.)

Soit SABC (fig. 37) la pyramide donnée; la projection horizontale de la base est un triangle *abc* (fig. 38) égal au triangle ABC; on peut le construire, puisque l'on connait la longueur de ses trois côtés; quant à la projection verticale de cette base, elle est située sur la ligne de terre. Pour achever les projections du tétraèdre, il faut connaître la projection horizontale du sommet et la hauteur.

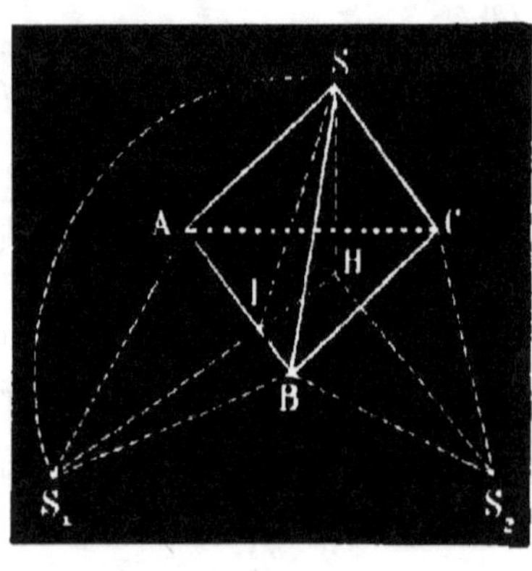

Fig. 37.

Menons la hauteur SH (fig. 37), et, du point H, la perpendiculaire HI sur AB; joignons le point I au point S; la ligne SI est perpendiculaire sur AB (théorème des trois perpendiculaires); rabattons la face SAB sur le plan de la base en la faisant tourner autour de AB; le sommet S se rabattra sur la perpendiculaire HI en S₁. Or nous pouvons connaître S₁ en construisant sur le plan de la base un triangle ABS₁ égal au triangle ABS, dont on connaît les

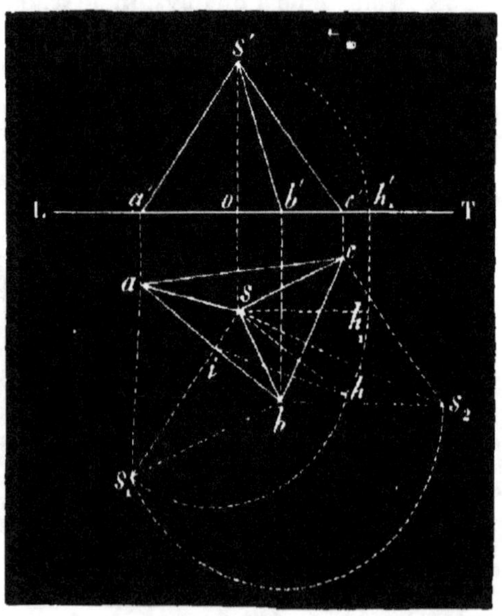

Fig. 38.

trois côtés; par suite, si l'on abaisse du point S₁ une perpendiculaire sur AB, elle passe par le pied de la hauteur. Il en serait de même pour une autre face quelconque de la pyramide.

Revenons à la projection (fig. 38) : si l'on construit les deux triangles *abs₁* et *bcs₂* respectivement égaux aux triangles ABS, BCS, et que des points s₁ et s₂ on abaisse des perpendiculaires sur les côtés *ab* et *bc*, ces perpendiculaires se rencontrent en un point *s*, qui est la projection horizontale du sommet; on peut alors achever la projection horizontale de la pyramide, *sabc*.

Détermination de la hauteur. — Dans le triangle rectangle SIH, nous connaissons $SI = s_1 i$ et $IH = si$; au point s sur si, élevons une perpendiculaire jusqu'à la rencontre en h d'une circonférence décrite de i avec is_1 comme rayon. On obtient le triangle sih égal au triangle SIH, et l'on a $sh = SH$. Portons en os' la longueur sh sur la perpendiculaire menée par s à LT; s' est la projection verticale du sommet; $s'a'b'c'$ est la projection verticale de la pyramide.

44. Pyramide quelconque. — Si l'on a une pyramide quelconque dont on puisse mesurer toutes les arêtes, on construit d'abord sur le plan horizontal un polygone égal à la base; puis, pour déterminer la projection horizontale du sommet et la hauteur, on considère une pyramide triangulaire de même sommet et ayant pour base un triangle formé par trois sommets quelconques du polygone. On opère sur cette pyramide comme dans le cas précédent. Il suffit donc, pour résoudre le problème, de connaître la base et les longueurs de trois arêtes latérales.

45. Projections d'un prisme droit dont la base est sur le plan horizontal. — On construit sur le plan horizontal un polygone égal à la base. Ce polygone est la projection horizontale du solide (fig. 39).

Les arêtes, étant perpendiculaires au plan horizontal, ont leurs projections verticales perpendiculaires à la ligne de terre; elles se projettent, d'ailleurs, en vraie grandeur. Il suffit de faire par exemple $a'f'$ égale à la hauteur, et de mener par f' une parallèle à LT; cette

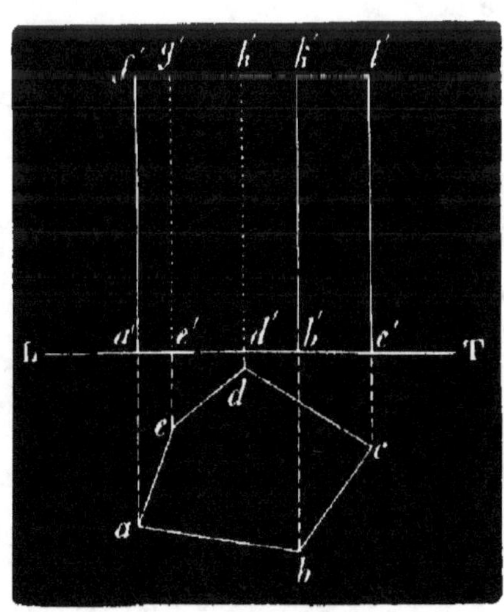

Fig. 39.

parallèle sera la projection verticale de la base supérieure. On limitera à cette base les projections verticales des arêtes.

46. Projections d'un prisme oblique dont la base est sur le plan horizontal. — Les faces latérales d'un prisme, étant des parallélogrammes, se projettent sur le plan horizontal et sur le plan vertical suivant des parallélogrammes, car les projections de lignes parallèles sont parallèles.

Si l'une des bases *abc* repose sur le plan horizontal (fig. 40), la base supérieure s'y projette en vraie grandeur suivant un triangle *def* dont les côtés sont respectivement égaux et parallèles à ceux de *abc*. Soit *abcdef* la projection horizontale du solide.

La base *abc* se projette verticalement sur LT en *a'b'c'*, et la base supérieure en *d'e'f'* sur une parallèle à LT, car le plan de cette base est parallèle au plan horizontal.

La distance *od'* est égale à la hauteur du prisme.

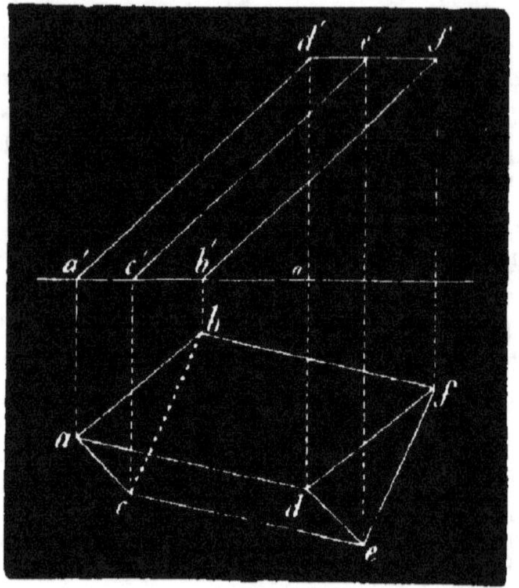

Fig. 40.

PROBLÈMES SUR LE CHAPITRE IV.

28. Un cube dont l'arête égale 0ᵐ,30 repose sur le plan horizontal. Une des diagonales de la base est parallèle à la ligne de terre. Trouver ses projections. Changer successivement de plan vertical, puis de plan horizontal de projection, et trouver les nouvelles projections dans ces deux cas.

29. Représentation d'un tronc de pyramide.

30. Un tronc de prisme a sa base sur le plan horizontal; cette base est un triangle ABC dont les côtés ont : BA, 3 mètres; BC, 4 mètres; AC, 5 mètres; les arêtes sont parallèles au plan vertical et font 30° avec le plan horizontal. Le sommet B, le plus près de la ligne de terre, en est distant de 2 mètres. Les sommets supérieurs correspondant à B, A, C sont distants du plan horizontal de 5, 6, 7 mètres. Mettre le tronc de prisme en projections.

31. Dessiner les projections d'une pyramide régulière dont la base, qui est un triangle équilatéral de 3 mètres de côté, repose sur le plan horizontal; les arêtes sont égales à 5 mètres. Un des côtés de la base, parallèle à la ligne de terre, en est distant de 4 mètres.

32. Représenter un tétraèdre régulier qui touche le plan horizontal par son sommet et dont la base est parallèle au plan horizontal.

33. Trouver les projections d'un tétraèdre régulier dont l'une des arêtes coïncide avec la ligne de terre et une face avec le plan horizontal. Prendre un nouveau plan vertical perpendiculaire au premier et trouver la nouvelle projection verticale du polyèdre.

34. La base d'une pyramide est un hexagone régulier ABCDEF de

3 centimètres de côté tracé dans le plan horizontal; l'un des côtés AB de
cet hexagone est parallèle à la ligne de terre et distant de cette ligne de
2 centimètres ; le sommet de la pyramide est à 6 centimètres de hauteur
sur la verticale du point A. Trouver les projections de cette pyramide.

35. Un cube de 4 centimètres de côté repose dans le plan horizontal
de manière que l'une de ses faces soit inclinée à 30° sur le plan vertical ;
on place sur la face supérieure de ce cube une pyramide régulière de
3 centimètres de hauteur dont la base est un carré inscrit dans la face du
cube. Trouver les projections de tout le système. Changer ensuite le plan
vertical de manière qu'il fasse 45° avec la première position.

CHAPITRE V.

APPLICATIONS DES CHAPITRES PRÉCÉDENTS. — SECTION PLANE DE QUELQUES POLYÈDRES.

47. Problème I. — *Trouver l'intersection d'une droite aba'b' avec
un plan P αP perpendiculaire au plan vertical, et rabattre ce plan avec
l'intersection sur l'un ou l'autre des plans de projection* (fig. 41).

1° Intersection. — L'intersection d'une droite et d'un plan
est **un point.** Ce point
étant situé dans un
plan perpendiculaire
au plan vertical, sa
projection verticale
est située sur la trace
verticale P'α de ce
plan ; le même point
appartenant à la droite
$ab, a'b'$, sa projection
verticale se trouve
sur $a'b'$; elle est donc
située à l'intersection
m' de la trace verticale
P'α et de la projection
verticale $a'b'$. Quant à
la projection horizon-
tale, elle se trouve sur
ab, projection hori-

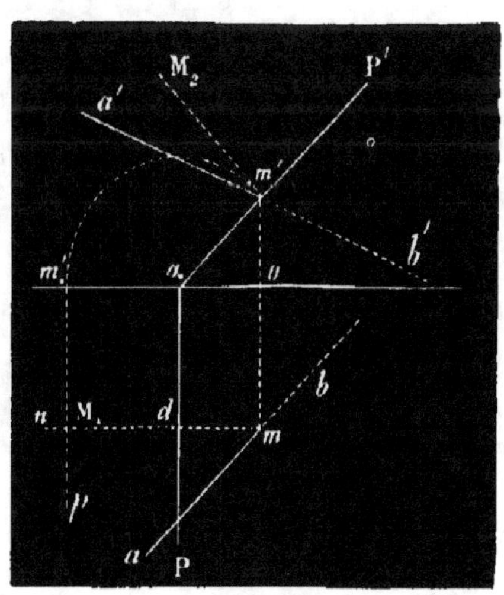

Fig. 41.

zontale de la droite, et sur une perpendiculaire à la ligne de
terre abaissée du point m', c'est-à-dire à l'intersection m de ces
deux lignes.

L'intersection cherchée est donc le point **mm'.**

2° Rabattement. — Appelons M le point d'intersection dont les projections sont m, m'.

Si l'on abaisse du point m la perpendiculaire md sur αP et que l'on mène dM, cette ligne, d'après le théorème des trois perpendiculaires, est perpendiculaire sur αP; elle est donc parallèle au plan vertical et s'y projette suivant $\alpha m'$.

Les trois droites Mm, md, dM forment un triangle rectangle dont la projection verticale est, en vraie grandeur, $\alpha\omega m'$.

Faisons maintenant tourner le plan P'αP autour de sa trace horizontale αP, pour le rabattre, avec ce qu'il contient, sur le plan horizontal; la droite dM reste perpendiculaire à αP et se rabat sur le prolongement de md; le point M tombe sur cette ligne à une distance dM$_1$ égale à dM ou $\alpha m'$.

Remarque. — On peut encore rabattre autour de αP' sur le plan vertical; la droite Mm' est perpendiculaire sur le plan vertical et, par suite, sur αP'; elle se rabat donc suivant m'M$_2$, perpendiculairement à αP', et le point M tombe en M$_2$ de telle sorte que m'M$_2 = m\omega$.

48. Problème II. — *Trouver l'intersection d'une droite* ab , a'b' *et d'un plan* P'αP *perpendiculaire au plan horizontal, et rabattre ce plan avec l'intersection sur l'un ou l'autre des plans de projection.*

Démonstration absolument identique à la précédente (fig. 42).

49. Problème III. — *Trouver l'intersection d'une pyramide et d'un plan perpendiculaire au plan vertical; déterminer ensuite la vraie grandeur de l'intersection.*

Soit une pyramide

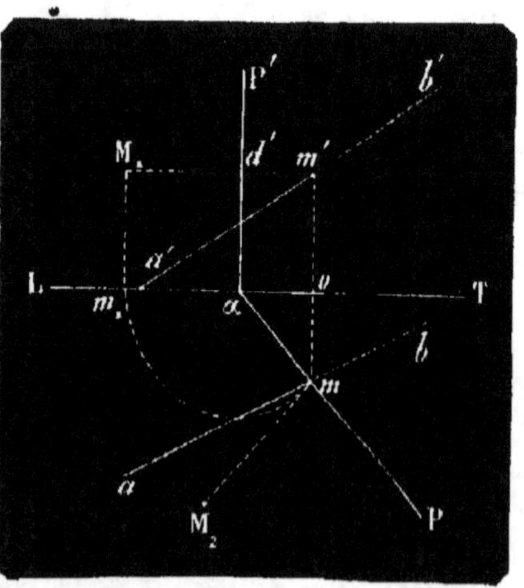

Fig. 42.

SABC, S'A'B'C' (fig. 43), coupée par un plan P'αP perpendiculaire au plan vertical; l'intersection est un polygone dont les sommets sont les intersections des arêtes de la pyramide avec le plan sécant

Déterminons ces sommets. D'après le problème I, l'intersection de l'arête AS, A'S' avec le plan P'αP est le point a, a'; on détermine de la même manière les autres points b, b' et c, c'; de sorte que la projection horizontale de l'intersection est le polygone abc, tandis que la projection verticale est tout entière située sur P'α suivant $a'b'$.

Vraie grandeur. — Pour obtenir la vraie grandeur de l'intersection, il suffit de rabattre le plan sécant sur le plan horizontal en le faisant tourner autour de sa trace horizontale.

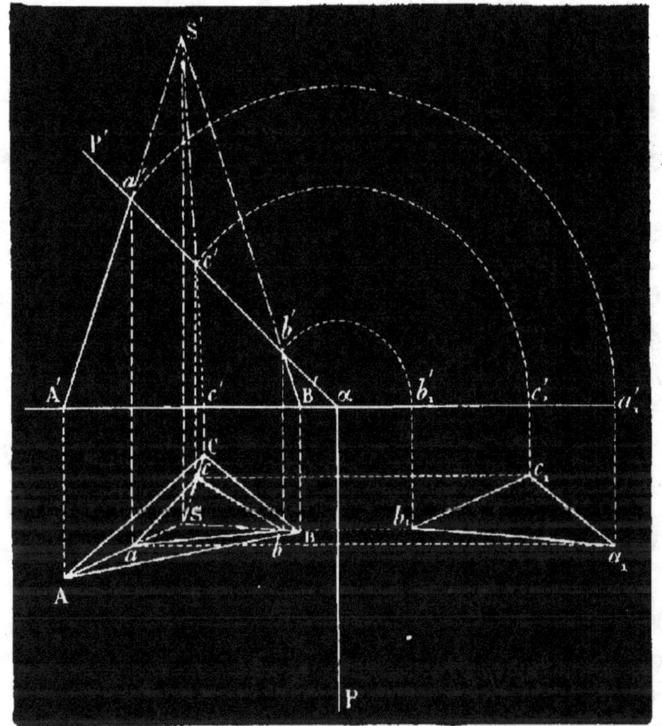

Fig. 43.

Chaque sommet du polygone d'intersection se rabat comme il a été dit dans le problème I; on obtient ainsi le triangle $a_1 b_1 c_1$.

50. Cas où le plan sécant est perpendiculaire au plan horizontal. — Soient la pyramide SABC, S'A'B'C' et le plan sécant P'αP perpendiculaire au plan horizontal (fig. 44). Ce plan coupe l'arête SB, S'B' au point b, b'; l'arête AB, A'B' au point a, a', et l'arête BC, B'C' au point e', e; de sorte que l'intersection est un triangle projeté horizontalement suivant abe et verticalement suivant $a'b'e'$.

Vraie grandeur. — Il suffit de rabattre le plan P'αP sur le plan vertical; en observant les constructions du problème I, on trouve que la vraie grandeur est le triangle $a_1 b_1 e_1$.

51. Problème IV. — *Intersection d'une pyramide et d'un plan quelconque.*

Soit la pyramide $sabc$, $s'a'b'c'$, coupée par le plan P'αP (fig. 43). On ramène ce cas au précédent en rendant le plan vertical perpendiculaire au plan donné.

On mène pour cela une nouvelle ligne de terre L'T' perpendiculaire à αP; on cherche d'après les constructions connues les nouvelles traces du plan. Le plan devient P'₁α₁P perpendiculaire au

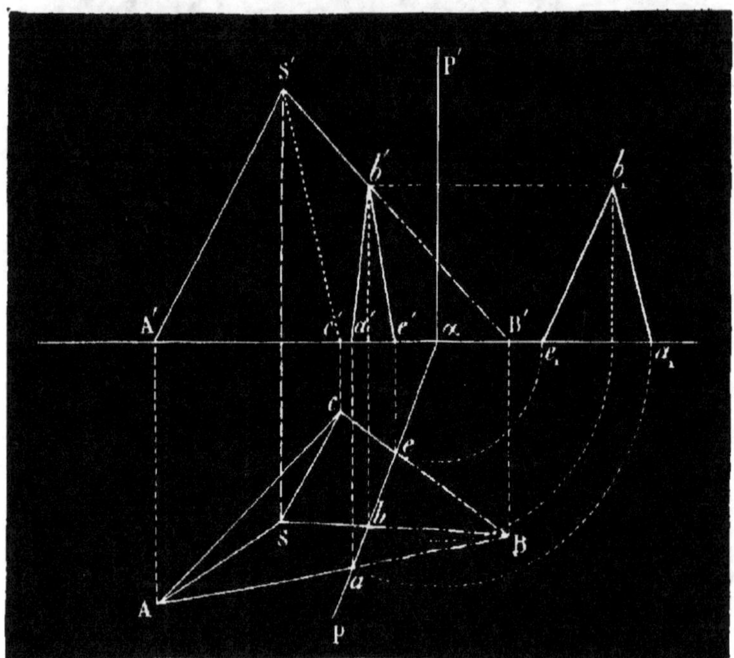

Fig. 44.

plan vertical. On détermine ensuite les nouvelles projections de la pyramide, soient $sabc$, $s'_1a'_1b'_1c'_1$. P'₁α₁ rencontre $s'_1a'_1, s'_1b'_1$, $s'_1c'_1$ en m'_1, n'_1, p'_1: d'où mnp sur le plan horizontal, et, par suite, $m'n'p'$ sur l'ancien plan vertical. L'intersection est mnp, $m'n'p'$.

On en a la véritable grandeur $m_1n_1p_1$ en rabattant le plan P'₁α₁P autour de α₁P sur le plan horizontal.

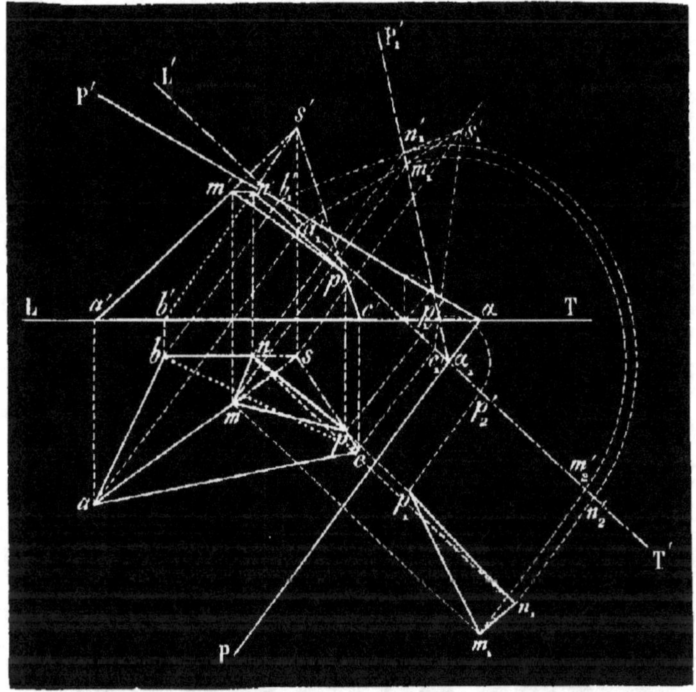

Fig. 45.

PROBLÈMES SUR LE CHAPITRE V.

36. Un prisme oblique dont la base inférieure est sur le plan horizontal, et dont la base supérieure est à 2 mètres du plan horizontal, a ses arêtes parallèles au plan vertical. La base est un hexagone régulier de côté égal à 1 mètre, dont une diagonale est parallèle à LT et à 1^m,50 de cette ligne ; les arêtes ont 3 mètres de longueur. Dessiner les projections du prisme.

37. Intersection d'un cube dont la base repose sur le plan horizontal de telle sorte qu'une de ses diagonales soit parallèle à LT avec un plan passant par le centre du cube et les milieux de deux des arêtes consécutives qui aboutissent à une des extrémités de la diagonale. Prouver que la section est un polygone régulier.

38. On a un tétraèdre ABCD ; l'arête AB est verticale et égale à 4 mètres, l'arête CD horizontale et égale à 6 mètres. Représenter le tétraèdre et le couper par un plan parallèle à AB et CD tel que le rapport de ses distances à ces arêtes soit celui de 4 et 6. — Vraie grandeur de la section. (Concours académique, Caen, 1876.)

(Observer que le plan est perpendiculaire au plan horizontal et que sa trace horizontale doit être parallèle à CD. Observer que la section est un carré. On fera pour cela une figure en perspective, et, à l'aide de triangles semblables, on démontrera facilement cette dernière assertion.)

39. Un cube a 0^m,75 de côté. Il repose sur le plan horizontal. On demande de le représenter en prenant pour plan vertical de projection un plan parallèle à l'une des diagonales de la base.

DEUXIÈME DIVISION.

PROBLÈMES FONDAMENTAUX SUR LES POLYÉDRES ET LEURS ÉLÉMENTS.

CHAPITRE VI.

PROBLÈMES SUR LE POINT ET LA LIGNE DROITE.

52. Problème I. — *Trouver en vraie grandeur la distance entre deux points donnés par leurs projections.*

La distance des points aa' et bb' (fig. 46) est la longueur de

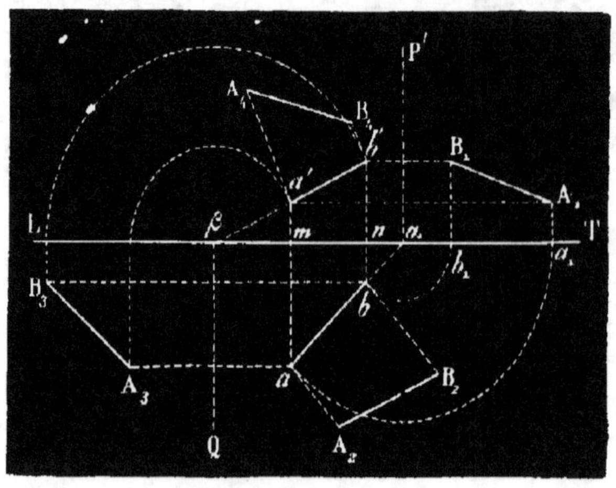

Fig. 46.

la ligne droite $ab, a'b'$ qui joint ces deux points. On peut trouver sa vraie longueur de deux manières différentes : 1° en rabattant sur l'un des plans de projection le plan qui la projette horizontalement ou verticalement ; 2° en le faisant tourner autour d'un axe perpendiculaire au plan horizontal ou au plan vertical, de manière à l'amener à être parallèle à l'un des plans de projection.

1re *Méthode.* — Le plan qui projette horizontalement la droite ab, $a'b'$ est un plan perpendiculaire au plan horizontal et dont les traces sont $a\alpha$ et $\alpha P'$. Si on le rabat sur le plan vertical ou sur le plan horizontal, d'après les principes exposés n°³ 47 et 48, on trouve pour la vraie longueur de la ligne : sur le plan vertical A_1B_1, et sur le plan horizontal A_2B_2.

On peut aussi rabattre le plan $b'\beta Q$ qui projette verticalement la droite, ce qui donne : sur le plan horizontal $A_3 B_3$, et sur le plan vertical $A_4 B_4$.

2ᵉ *Méthode*. — Soit à trouver la vraie longueur de la ligne $ab, a'b'$ (fig. 47). Faisons-la tourner autour d'un axe vertical passant par le point a, a', de manière à l'amener à être parallèle au plan vertical. Dans ce mouvement, chaque point de la droite décrit un cercle perpendiculaire à l'axe de rotation, c'est-à-dire parallèle au plan horizontal, et qui se projette en vraie grandeur sur ce plan, tandis que sa projection sur le plan vertical est une droite parallèle à la ligne de terre.

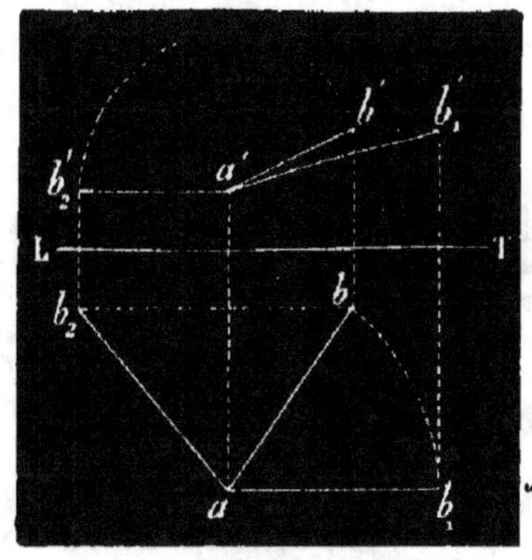

Fig. 47.

Le point b, b' en particulier décrit un cercle de rayon ab; sa projection horizontale se meut donc sur la circonférence bb_1 décrite du point a comme centre avec ab pour rayon, et sa projection verticale sur une ligne $b'b'_1$ parallèle à la ligne de terre. Or la droite est parallèle au plan vertical lorsque sa projection horizontale est parallèle à la ligne de terre; menons alors par le point a une parallèle à LT, jusqu'à sa rencontre avec l'arc de cercle bb_1; la droite ab_1 sera la projection horizontale de la droite dans la position que nous cherchons. Mais la projection verticale du point b_1 se trouve à l'intersection b'_1 de la droite $b'b'_1$ et de la perpendiculaire à la ligne de terre abaissée de b_1; la projection verticale de la droite, c'est-à-dire sa vraie longueur, est par suite $a'b'_1$.

On peut aussi faire tourner la droite autour d'un axe perpendiculaire au plan vertical et passant par a, a'.

La projection verticale b' du point b, b' décrit un arc de cercle de rayon $a'b'$, tandis que la projection horizontale b se meut sur une parallèle à la ligne de terre.

La droite est parallèle au plan horizontal et s'y projette en vraie grandeur lorsque sa projection verticale est parallèle à la ligne de terre; on trouve ainsi que ab_2 est la vraie grandeur de la droite.

53. Problème II. — *Mener par un point* m, m' *une parallèle à une ligne droite* $ab, a'b'$ (fig. 48).

Il suffit (nᵒ 27) de mener par les points m et m' des parallèles cd et $c'd'$ aux projections ab et $a'b'$ de la droite donnée;

les deux projections *cd* et *c'd'* déterminent une droite parallèle
à *ab*, *a'b'*.

54. Problème III. — *Trouver les traces d'une ligne droite.*

On appelle **trace horizontale** d'une ligne droite l'intersection de cette ligne avec le plan horizontal, et **trace verticale**
son intersection avec le plan vertical.

Soit à trouver les traces de la droite *a'b'*, *ab* (fig. 49).

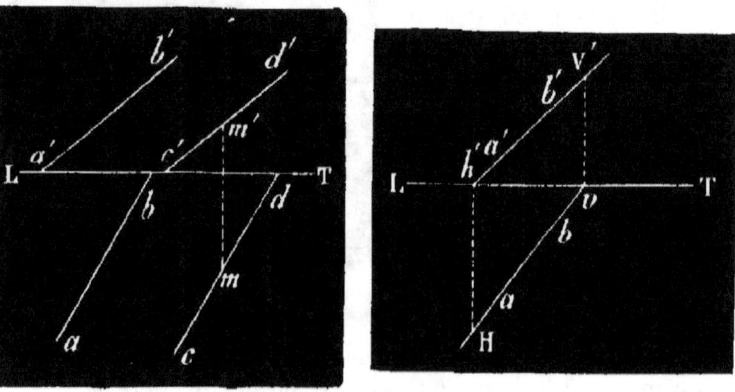

Fig. 48.   Fig. 49.

1° *Recherche de la trace horizontale.* — La trace horizontale est
un point de la droite et du plan horizontal. La projection verticale de ce point est donc sur la ligne de terre et sur la projection verticale de la droite, c'est-à-dire en *h'*, rencontre de *a'b'*
avec LT.

Les deux projections d'un même point de l'espace sont sur
une même perpendiculaire à la ligne de terre ; la trace horizontale est donc sur la perpendiculaire menée par *h'* à LT ; elle est
aussi sur la projection horizontale *ab*, et par suite à leur rencontre en H.

On peut en déduire la règle suivante :

*Pour trouver la trace horizontale d'une ligne droite, prolongez sa
projection verticale jusqu'à la ligne de terre ; au point obtenu, élevez
une perpendiculaire sur la ligne de terre jusqu'à la projection horizontale : le point de rencontre est la trace horizontale cherchée.*

2° *Recherche de la trace verticale.* — La trace verticale est *un
point qui appartient au plan vertical et à la droite ;* sa projection horizontale est donc située sur la ligne de terre et sur la
projection horizontale *ab*, c'est-à-dire à l'intersection *v* de ces
deux lignes ; quant à la projection verticale, c'est-à-dire à la
trace verticale même, elle se trouve à l'intersection V' de la
projection verticale *a'b'* et de la perpendiculaire à la ligne de
terre menée par le point.

D'où la règle suivante :

Pour trouver la trace verticale d'une ligne droite, prolongez la projection horizontale jusqu'à la ligne de terre ; au point obtenu, élevez une perpendiculaire sur la ligne de terre jusqu'à la projection verticale : le point de rencontre est la trace verticale cherchée.

55. Problème IV. — *Construire les projections d'une ligne droite dont on donne les deux traces.*

Soient V' et H les traces d'une droite AB. Le point H est un point de la projection horizontale ; pour en avoir un second, on projette horizontalement V' sur la ligne de terre en *v*. La projection horizontale est *v*H.

Le point V' est un point de la projection verticale ; pour en avoir un second, on projette verticalement H sur la ligne de terre en *h'*. La projection verticale est V'*h'*.

On déduit la règle suivante :

Pour trouver les projections d'une droite dont on connaît les traces, on abaisse de ces traces des perpendiculaires sur la ligne de terre, et on en joint les pieds aux traces de nom contraire.

PROBLÈMES SUR LE CHAPITRE VI.

40. Étant donnés une droite et un point sur cette droite, trouver sur la droite un second point qui soit distant du premier d'une longueur donnée.

(Application du problème I.)

41. Par un point donné, mener un plan parallèle à deux droites données.

(Par le point, on mène des parallèles aux droites ; le plan de ces parallèles répond à la question.)

42. Mener par une droite donnée un plan parallèle à une autre droite donnée.

(Par un point de la première droite, on mène une parallèle à la seconde ; le plan de celle-ci et de la parallèle répond à la question.)

43. Déterminer les traces d'une droite située dans un plan de profil et donnée par deux points.

(Rabattre la droite sur le plan horizontal.)

CHAPITRE VII.

APPLICATIONS AUX OMBRES.

56. Ombre propre, ombre portée d'un corps. — Lorsqu'un corps opaque est placé dans le voisinage d'une source de lumière, il intercepte une partie des rayons lumineux envoyés en ligne droite par cette source dans tous les sens ; il en résulte que certaines faces du corps sont éclairées, tandis que d'autres restent obscures; celles-ci constituent **l'ombre propre** du corps. Les arêtes qui séparent les parties éclairées de celles qui sont obscures portent le nom **d'arêtes de séparation d'ombre et de lumière**. — Supposons maintenant le corps placé près d'un plan; les rayons lumineux qui frappent les parties éclairées n'arrivent pas à ce plan, tandis que ceux qui passent par les *arêtes de séparation d'ombre et de lumière* et tous ceux qui se trouvent en dehors le rencontrent et l'éclairent.

Les points du plan qui ne reçoivent aucune lumière de la source lumineuse, par suite de l'interposition du corps, forment **l'ombre portée de ce corps**.

Ombre au soleil, ombre au flambeau. — Il y a deux espèces d'ombre, suivant que les rayons lumineux sont *parallèles* ou *concourent en un même point*.

Dans le *premier cas*, on suppose le foyer lumineux à l'infini; c'est ce que l'on appelle **ombre au soleil**; car cet astre est assez éloigné de nous pour que les rayons qu'il nous envoie puissent être, sans erreur sensible, considérés comme parallèles; dans *le second cas*, le foyer lumineux est à une distance finie et envoie des rayons concourants, comme le ferait un flambeau que l'on tiendrait à la main : de là le nom **d'ombre au flambeau**. Pour éviter la question de la **pénombre**, on suppose toujours le flambeau réduit à un point.

57. Direction des rayons lumineux. — La direction des rayons lumineux, dans le cas où ils sont parallèles, est arbitraire néanmoins, dans les épures de géométrie descriptive, cette direction est toujours, à moins de conditions particulières nettement formulées, celle de la diagonale AB, A'B (fig. 50), dirigée de gauche à droite, d'un cube ABCD, A'F'B'D' dont une face coïncide avec le plan horizontal et une autre face avec le plan vertical. Il en résulte que les deux projections d'un même rayon lumineux *sont inclinées à 45° sur la ligne de terre*.

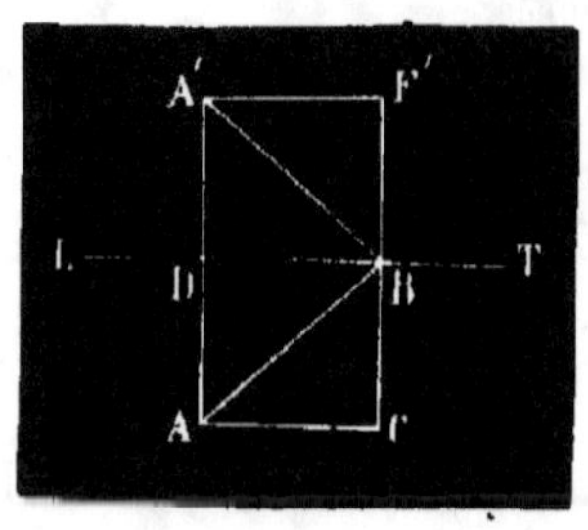

Fig. 50.

Dans le cas de l'*ombre au flambeau*, la direction des rayons est déterminée par la position du point lumineux.

THÉORÈME.

85. L'ombre portée d'une ligne droite sur un plan est une ligne droite.

1° *Les rayons lumineux sont parallèles* (fig. 51).

Soient une ligne droite matérielle AB et un plan MN placé
dans le voisinage. Si l'on fait glisser
sur cette droite un rayon lumineux
mn parallèlement à lui-même, il
prend successivement la position
de tous les rayons aboutissant à
la droite; si l'on trouve ensuite
à chaque instant son intersection
avec le plan MN, on aura l'ombre
de tous les points de la ligne.
L'ensemble des points obtenus est
l'ombre de la ligne; or dans ce
mouvement le rayon *mn* décrit un
plan dont l'intersection *nn″* avec
MN n'est pas autre chose que

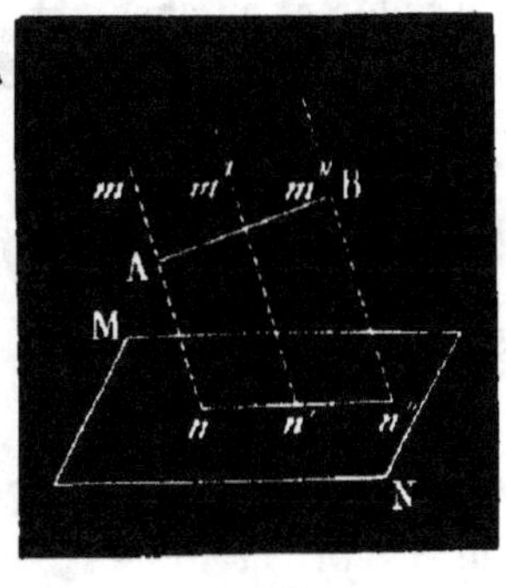

Fig. 51.

l'ombre de la droite; donc cette ombre est une ligne droite.

2° *Les rayons lumineux sont concourants* (fig. 52).

Soient une ligne droite AB et un point lumineux S; tous les
rayons émanés du point S et
qui s'appuient sur la droite
AB forment un plan dont l'intersection A′B′ avec le plan
MN forme l'ombre portée par
AB sur ce plan.   C. Q. F. D.

Conséquence. — Pour
construire l'ombre d'une ligne
droite, il suffit de trouver
l'ombre de deux de ses points
et de les joindre par une ligne
droite; en particulier, si l'on
connaît la trace de la droite
sur le plan donné, on n'a qu'à
trouver l'ombre d'un point de

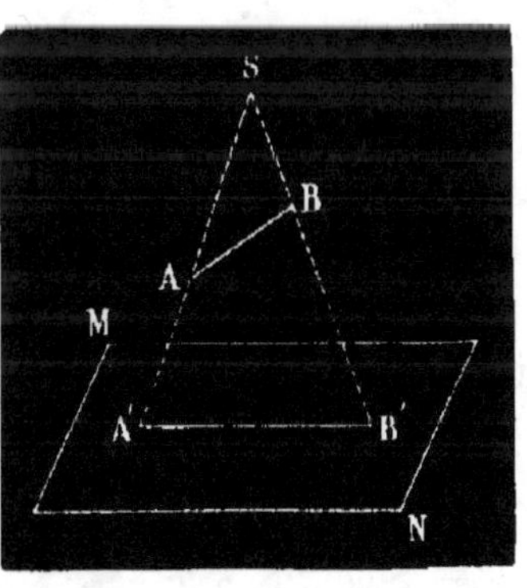

Fig. 52.

la droite, car la trace est elle-même un point de l'ombre.

59. Problème I. — *Trouver l'ombre portée par une ligne droite
sur les deux plans de projection.*

1° *Ombre au soleil.* — Pour trouver l'ombre portée sur le plan
horizontal par la ligne droite AB (fig. 53), il suffit de déterminer l'ombre du point $a, a′$ et celle du point $b, b′$, et de joindre par
une droite les deux points obtenus.

Soit MM′ la direction des rayons lumineux. Le rayon passant
par $a, a′$ est une parallèle à MM′; l'ombre du point $a, a′$ est la
trace horizontale A_1 de cette ligne. On détermine de la même
manière l'ombre B_1 du point $b, b′$; alors l'ombre portée par la

droite donnée sur le plan horizontal est la droite A_1B_1 qui coupe la ligne de terre au point c. L'ombre portée par la même droite sur le plan vertical s'obtient en cherchant les traces verticales F' et D' des rayons lumineux passant par les points a, a' et b, b' et en menant la ligne $F'D'$.

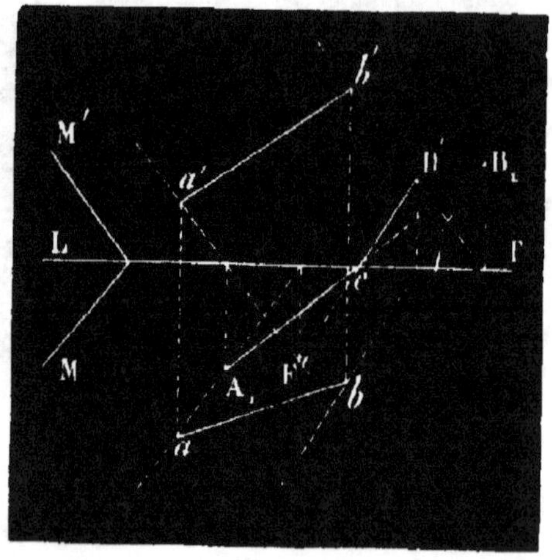

Fig. 53.

Les deux droites A_1B_1 et $F'D'$ doivent se couper en un même point c sur la ligne de terre, parce que ce sont les traces du plan formé par les rayons parallèles passant par la droite donnée.

Ces deux ombres portées n'existent pas entièrement; la portion A_1c située dans la partie antérieure du plan horizontal et la partie cD' située dans la partie supérieure du plan vertical sont seules réelles. De sorte que l'ombre portée par la droite AB sur les deux plans de projection est la ligne brisée A_1cD'.

Remarque. — On aurait pu se dispenser de déterminer le point F'; il suffisait de joindre le point c au point D'.

2° *Ombre au flambeau.* — Soient S, S' le point lumineux et AB la ligne donnée (fig. 54). L'ombre portée sur le plan horizontal par le point a, a' est la trace horizontale A_1 du rayon $Sa, S'a'$.

L'ombre portée par le point b, b' sur le même plan est la trace horizontale B_1 du rayon

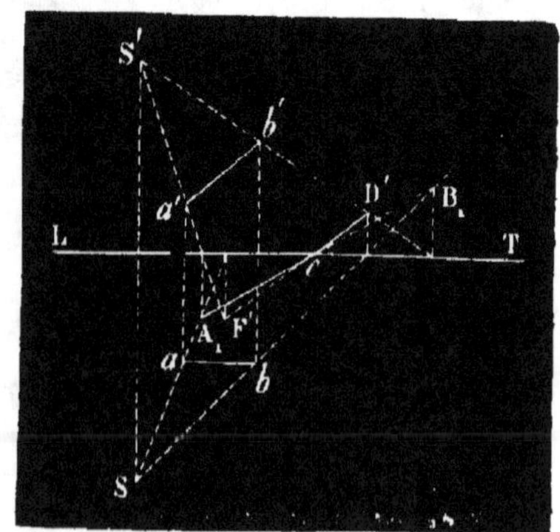

Fig. 54.

$Sb, S'b'$; par suite, l'ombre de la droite sur le plan horizontal est la ligne droite A_1B_1 qui coupe la ligne de terre en c.

Le point c est en même temps un point de l'ombre sur le plan vertical. Cherchons la trace verticale D' du rayon $Sb, S'b'$.

Nous aurons l'ombre du point b, b' qui sera un deuxième point de l'ombre sur le plan vertical ; en menant la droite cD', nous avons cette ombre. Alors l'ombre totale de la droite est la ligne brisée A_1cD'.

60. Problème II. — *Trouver l'ombre d'une ligne droite perpendiculaire au plan horizontal.* — Considérons la droite $Aa'b'$ perpendiculaire au plan horizontal (fig. 55). Le point a, trace horizontale de la droite, est un point de l'ombre ; cherchons celle du point b, b' en menant le rayon ac, $b'c'$ et en déterminant sa trace horizontale F. La droite aF serait l'ombre cherchée si le plan vertical n'existait pas ; or le rayon ac, $b'c'$ coupe le plan vertical au point c' qui est l'ombre de ab sur ce

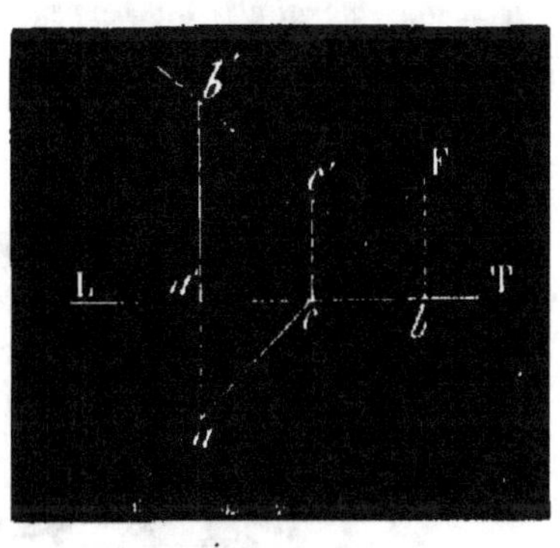

Fig. 55.

plan. D'où il résulte que acc' est l'ombre de la droite sur les deux plans de projection.

Remarquons que les rayons parallèles s'appuyant sur la droite verticale $aa'b'$ forment un plan vertical dont la trace horizontale est ac et la trace verticale la ligne cc' perpendiculaire à la ligne de terre.

Remarque. — Les rayons lumineux concourants formeraient également un plan vertical, et l'ombre au flambeau serait analogue à la précédente.

61. Problème III. — *Trouver l'ombre portée par une ligne perpendiculaire au plan vertical.*

Il est clair que dans ce cas les rayons lumineux parallèles ou concourants forment un plan perpendiculaire au plan vertical, dont la trace verticale est la ligne $b'c'$ (fig. 56) et la trace horizontale la ligne $c'c$ perpendiculaire à la ligne de terre. De sorte que l'ombre de la droite est $b'c'c$.

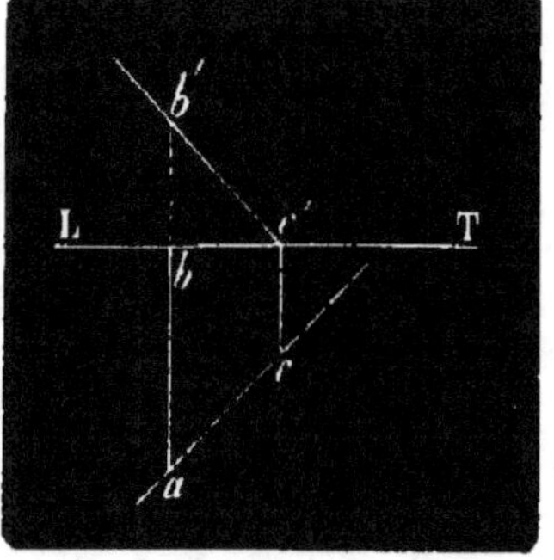

Fig. 56.

62. Problème IV. — *Trouver l'ombre portée par une droite parallèle à la ligne de terre.*

On voit facilement que les rayons lumineux forment un plan

parallèle à la ligne de terre ; or les traces d'un pareil plan sont parallèles à cette ligne. Donc l'ombre de la ligne donnée est une parallèle à la ligne de terre située sur le plan horizontal ou sur le plan vertical.

63. Problème V. — *Trouver l'ombre propre et l'ombre portée sur les deux plans de projection par un parallélipipède rectangle dont les faces sont parallèles ou perpendiculaires au plan horizontal et au plan vertical* (fig. 57).

1° *Ombre au soleil.* — Imaginons qu'un des rayons de lumière

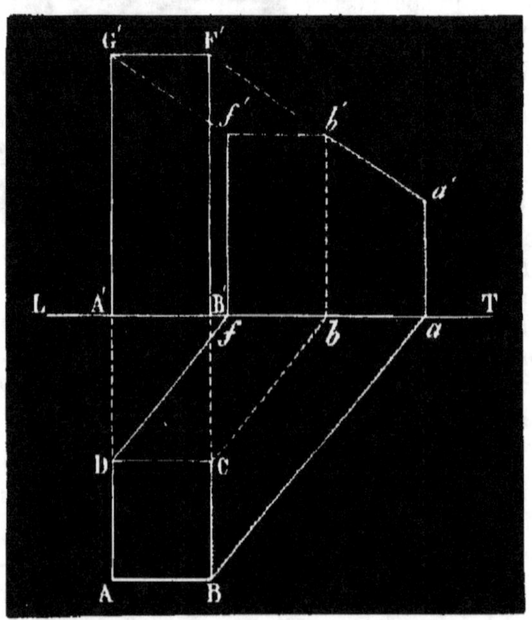

Fig. 57.

se déplace parallèlement à lui-même en s'appuyant constamment sur le polyèdre donné, il suivra successivement les arêtes B, B'F' ; BC, F' ; CD, F'G' ; D, G'A' ; ce sont les arêtes de séparation d'ombre et de lumière. Les faces situées en avant de ces arêtes sont éclairées ; celles qui sont derrière, c'est-à-dire les faces BC, B'F' ; CD, F'G'A'B', sont obscures et forment l'ombre propre du corps.

2° *Ombre portée.* — Pour obtenir les limites de l'*ombre portée* sur les plans de projection, il faut chercher l'ombre portée par les arêtes de séparation d'ombre et de l'umière. L'ombre de l'arête verticale B, B'F' est Baa' (n° 60) ; celle de l'arête BC, F' s'obtient en cherchant l'ombre b' du point C, F', en joignant les deux points a' et b' ; menons maintenant un rayon lumineux par D, G'. On détermine le point f', d'où il résulte que b'f' est l'ombre de CD, F'G'; cette ligne *b'f'* est, comme on l'a vu, parallèle à la ligne de terre; enfin l'ombre *f'fD* de l'arête D, A'G' s'obtient comme précédemment.

3° *Ombre au flambeau.* — Pour déterminer l'*ombre au flambeau*, on ferait identiquement les mêmes constructions.

64. Problème VI. — *Trouver l'ombre d'une pyramide* (fig. 58).

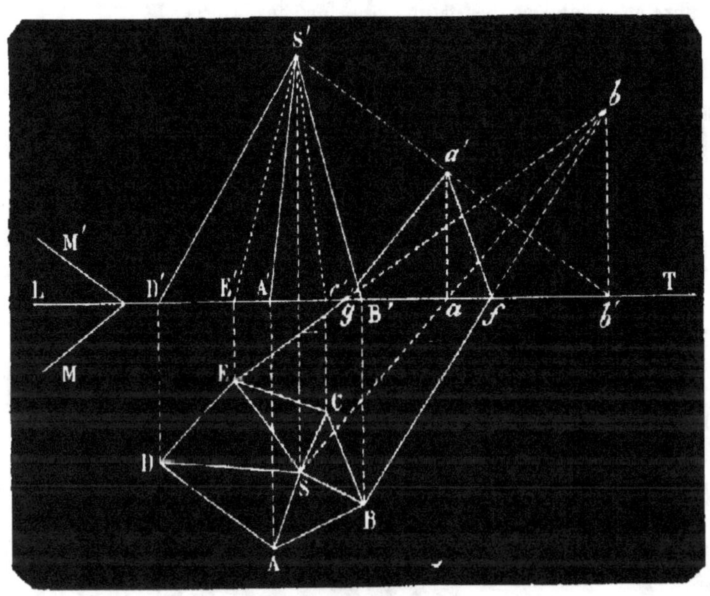

Fig. 58.

La direction des rayons lumineux étant M, M', il est facile de voir que les arêtes de séparation d'ombre et de lumière sont SB, S'B'; SE, S'E', et que les faces qui forment l'ombre propre de la pyramide sont projetées horizontalement suivant SBC, SCE.

Pour obtenir l'ombre portée, menons un rayon lumineux par le sommet S, S' et cherchons ses traces *b* et *a'*. L'ombre de l'arête SB, S'B' est, sur le plan horizontal, la droite B*b*, et, sur les deux plans de projection, la ligne brisée B*fa'*. On trouve de même que l'ombre portée par l'arête SE, S'E' est la ligne E*ga'*; de sorte que l'ombre portée par la pyramide elle-même est le polygone B*fa'g*E.

PROBLÈMES SUR LE CHAPITRE VII.

44. Ombre portée par un prisme oblique sur les plans de projection.

45. Ombre d'une pyramide donnée sur un escalier à trois marches.

(L'escalier repose sur le plan horizontal. — Les marches forment autant de plans horizontaux sur lesquels on détermine l'ombre portée de la pyramide, comme nous avons vu pour l'ombre portée sur le plan horizontal de projection. — On limitera aux dimensions des marches correspondantes les ombres portées.)

46. Ombre portée par une croix qui repose sur le plan horizontal, une des arêtes de la base étant parallèle à LT.

(Il n'y a qu'à chercher les ombres portées des arêtes de séparation d'ombre et de lumière des prismes qui forment la croix.)

47. Ombre propre et ombre portée d'un écrou.

48. Une boîte ayant la forme d'un tronc de pyramide à bases carrées repose sur le plan horizontal par sa petite base ; trouver l'ombre à son intérieur et celle qu'elle projette sur les deux plans de projection.

CHAPITRE VIII.

PROBLÈMES SUR LE PLAN.

65. Problème I. — *Construire les traces d'un plan déterminé par deux droites qui se coupent.*

Les deux droites $ab, a'b'$, $de, d'e'$ qui se coupent au point o, o' déterminent un plan, dont il s'agit de construire les traces. (fig. 59).

Ce plan contenant la ligne AB tout entière renferme sa trace horizontale. Or cette trace horizontale est aussi dans le plan horizontal ; elle est donc à l'intersection de ces deux plans, c'est-à-dire en un point de la trace horizontale du plan des deux droites.

On prouverait par un raisonnement ana-logue que *la trace verticale de AB est située sur la trace verticale du même plan, et que les traces* (horizontale et verticale) *de la droite DE sont des points des traces du plan.*

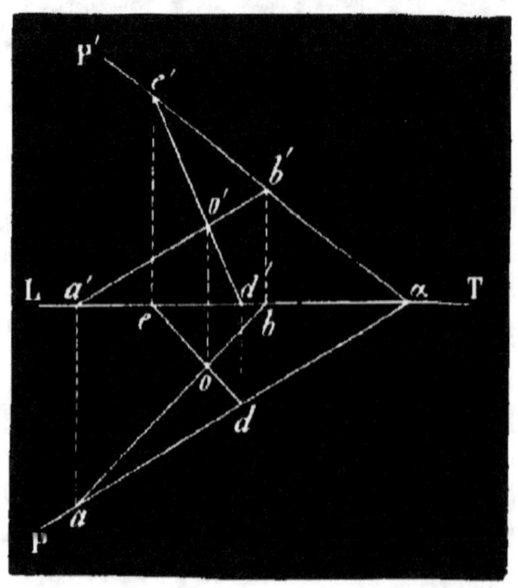

Fig. 59.

On résoudra donc le problème en joignant par des lignes droites les traces de même nom des deux droites données.

a et *b'* sont les traces de AB.

d et *c'* sont les traces de DE.

ad et *e'b'* sont les traces du plan.

Comme vérification, ces lignes doivent se couper sur la ligne de terre.

66. Cas particulier où les traces des droites sortent des limites de l'épure. — Dans ce cas, la méthode générale consiste à tracer dans le plan une droite dont on puisse trouver les traces. Il suffit pour cela de joindre par une ligne droite deux points convenablement choisis sur les lignes données.

Soient les deux droites *ab*, *a'b'*; *cd*, *c'd'*, qui se coupent au point *o*, *o'* (fig. 60); on peut facilement trouver les traces de *ab*, *a'b'*; mais celles de *cd*, *c'd'* sont situées trop loin; joignons alors le point *m*, *m'* de *ab*, *a'b'* au point *n*, *n'* de *cd*, *c'd'*; la ligne *mn*, *m'n'* est

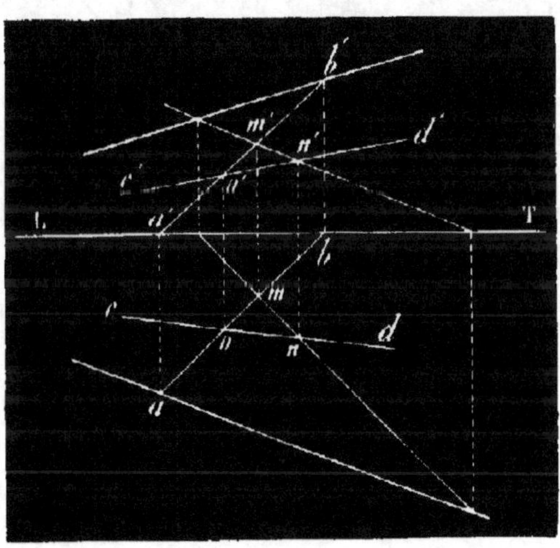

Fig. 60.

une ligne située dans le plan donné et dont on peut trouver les traces; on retombe alors dans le cas précédent.

67. Cas où les droites se coupent sur la ligne de terre. — Considérons deux droites qui se coupent en un point O de la ligne de terre; le point O est un point de chacune des traces du plan; il suffit de trouver un deuxième point de chacune d'elles; pour cela, on joint deux points de ces droites, on cherche les traces de la ligne obtenue et on les unit au point O.

68. Problème II. — *Construire les traces d'un plan déterminé par une ligne droite et un point.*

Il suffit de joindre le point donné à un point de la ligne, de manière que l'on puisse trouver les traces de la droite ainsi déterminée; on opère alors comme au n° 65.

69. Problème III. — *Construire les traces d'un plan déterminé par trois points donnés non en ligne droite.*

Pour résoudre ce problème, on n'a qu'à joindre les points donnés par des lignes droites et à trouver leurs traces.

70. Problème IV. — *Construire les traces d'un plan déterminé par deux lignes droites parallèles.*

On cherche les traces de ces lignes et on joint par une droite les traces du même nom.

Remarque. — *Cas où les deux droites sont parallèles à la ligne de terre* (fig. 61).

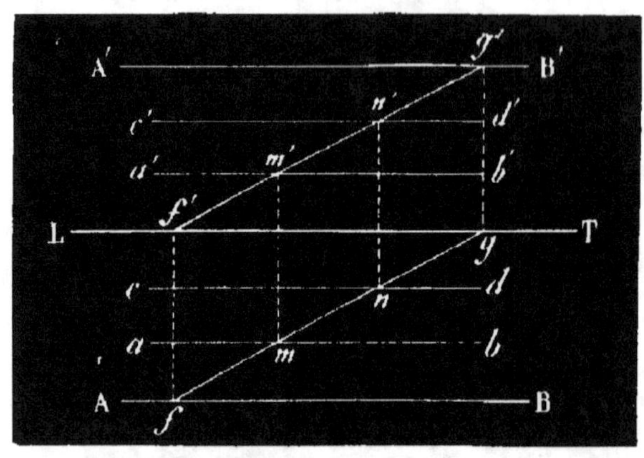

Fig. 61.

Un plan déterminé par deux droites parallèles à la ligne de terre est lui-même parallèle à cette ligne; par suite, ses deux traces sont parallèles à LT.

Il suffit donc de trouver un point de chacune d'elles; pour cela, joignons les points m, m' et n, n' des deux droites données ab, $a'b'$; cd, $c'd'$ et trouvons les traces f et g' de la droite ainsi obtenue.

Les deux lignes AB et A'B', parallèles à la ligne de terre et passant par les points f et g', sont les traces du plan donné.

71. Problème V. — *Trouver les projections d'une ligne droite située dans un plan donné par ses traces.*

1° *Une ligne quelconque* (fig. 62).

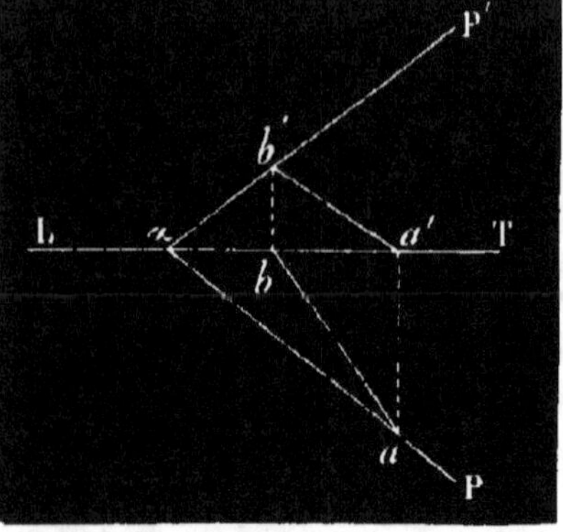

Fig. 62.

Soit le plan P'αP. Toute ligne de ce plan a ses traces sur les traces de même nom du plan. Prenons un point *a* quelconque de la trace horizontale et un point *b'* sur la trace verticale ; si l'on considère ces deux points comme les traces d'une ligne droite du plan, le problème revient à trouver les projections d'une ligne droite donnée par ses traces (n° 55).

2° *Une horizontale* (fig. 63).

Soit *a'* la trace verticale de l'horizontale cherchée ; sa projection verticale est *a'b'*, parallèle à la ligne de terre ; si l'on abaisse du point *a'* une perpendiculaire *a'a* sur la ligne de terre, le point *a* est un point de la projection horizontale ; or je dis que cette projection horizontale est parallèle à αP. En effet, toutes les horizontales d'un plan sont parallèles entre elles et αl' est l'une d'elles ; mais quand deux lignes sont parallèles, **les projections de même nom sont parallèles** ; αl' se confond avec sa projection ; donc la projection de la ligne cherchée est parallèle à αP. C. Q. F. D.

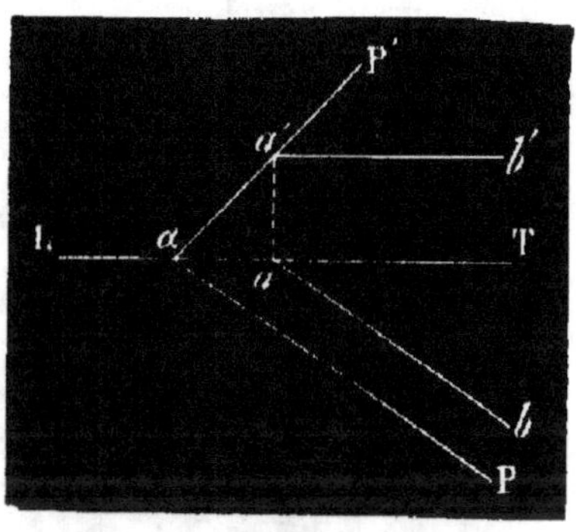

Fig. 63.

On aurait pu raisonner de la manière suivante : La trace horizontale de la droite cherchée est située à l'infini sur la trace horizontale αP du plan ; pour joindre le point *a* à ce point infiniment éloigné, il faut mener par *a* une parallèle à αP. De même la projection verticale de la trace horizontale est située à l'infini sur la ligne de terre ; donc la projection verticale est parallèle à cette ligne.

3° *Une ligne de front* (fig. 64).

On appelle **ligne de front** d'un plan une ligne de ce plan parallèle au plan vertical. Par un raisonnement analogue au précédent, on prouverait que la projection horizontale de cette ligne est parallèle à la ligne de terre, et que sa projection verticale est parallèle à la trace verticale du plan.

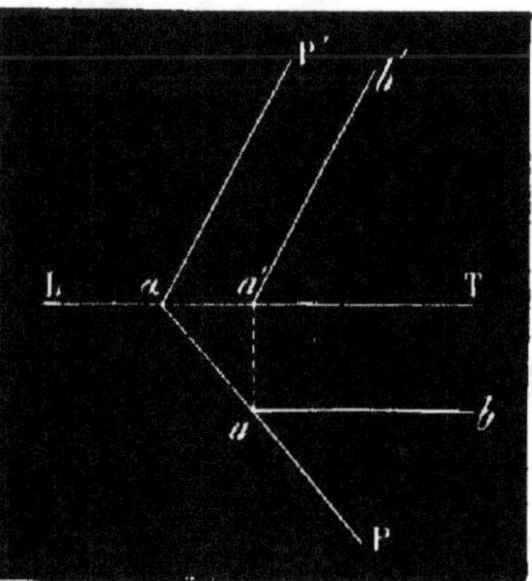

Fig. 64.

72. **Problème VI** — *Prendre une horizontale ou une ligne de front dans un plan déterminé par deux droites qui se coupent.*

1° *Une horizontale.*

Soit un plan déterminé par les droits ab, $a'b'$; cd, $c'd'$ (fig. 65). Coupons-le par un plan horizontal P'Q' ; l'intersection sera une horizontale.

Les lignes ab, $a'b'$; cd, $c'd'$, sont coupées, la première, au point m, m', la seconde au point n, n' ; par conséquent le ligne mn, $m'n'$ est l'horizontale cherchée.

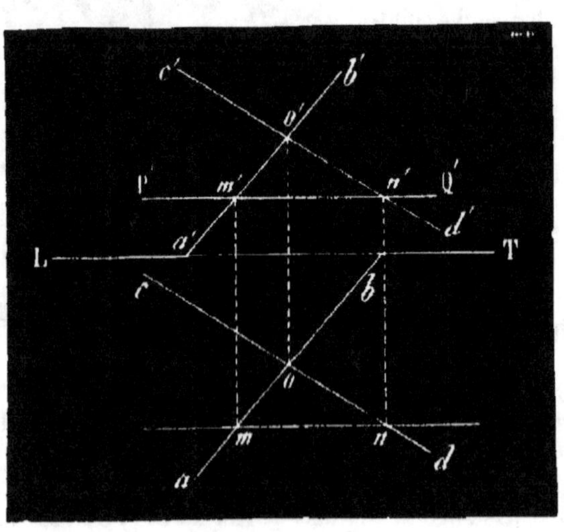

Fig. 65

2° *Une ligne de front.*

Il suffit de couper le plan par un plan PQ parallèle au plan vertical ; l'intersection avec le plan des droites est la ligne cherchée. (Épure analogue à la précédente.)

Remarque. — La considération de l'**horizontale** et de la **ligne de front** est d'une grande importance : on a souvent recours à ces lignes pour la résolution des problèmes.

73. Problème VII. — *Prendre un point dans un plan.*

On mène une horizontale, ou une ligne de front, ou toute autre ligne du plan. Un point quelconque de la droite ainsi menée résout le problème.

PLANS PARALLÈLES.

74. *Lorsque deux plans sont parallèles, leurs traces de même nom le sont aussi,* car ce sont les intersections de plans parallèles par d'autres plans.

La réciproque de cette proposition est vraie. En effet, si l'on considère deux plans déterminés chacun par deux droites concourantes, et si les droites de l'un sont parallèles aux droites de l'autre, les plans sont parallèles. Il y a cependant une exception quand les plans sont parallèles à la ligne de terre. Les quatre traces sont parallèles à LT et les plans peuvent se couper.

THÉORÈME.

75. *Quand deux plans parallèles entre eux sont parallèles à la ligne de terre, les traces sont rangées dans le même ordre par rapport à cette ligne, et le rapport des distances d'un quelconque des points de LT aux traces horizontales égale le rapport des distances de ce point aux traces verticales.*

La première partie de l'énoncé est évidente. Soient PP′, QQ′ les deux plans (fig. 66). On les coupe par un plan perpendiculaire à la ligne de terre. Ce plan les ren-

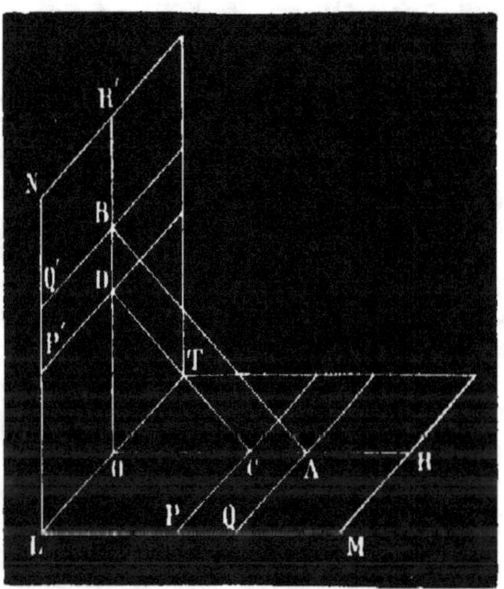

Fig. 66.

contre suivant AB et CD; ces lignes sont parrallèles comme intersections de deux plans parallèles par un troisième.

Les triangles OCD, OAB sont semblables et on a

$$\frac{OD}{OB} = \frac{OC}{OA}.$$

C'est bien ce qu'il fallait démontrer, car OR′ et OR sont perpendiculaires à LT et par suite à P, P′, Q, Q′.

76. Problème. VIII. — *Mener par un point un plan parallèle à un plan donné par ses traces.*

1° *Le plan donné est quelconque* (fig. 67).

Soit à mener par le point o, o′ un plan parallèle au plan P′αP. Si l'on considère que les horizontales de deux

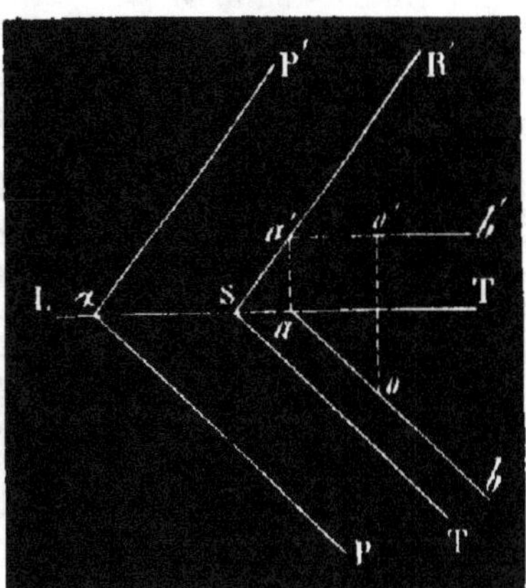

Fig. 67.

plans parallèles sont parallèles, on peut mener par le point o, o' une horizontale du plan cherché ; la projection horizontale de cette ligne est une parallèle ab à la trace αP passant par le point o ; quant à sa projection verticale, c'est une parallèle à la ligne de terre passant par le point o'. Cherchons sa trace verticale a' et menons par ce point une parallèle $R'S$ à $\alpha P'$, nous aurons la trace verticale du plan ; cette trace coupe la ligne de terre en un point S, qui est un point de la trace horizontale ; cette trace est, d'ailleurs, parallèle à αP.

2° *Le plan donné est parallèle à la ligne de terre* (fig. 68).

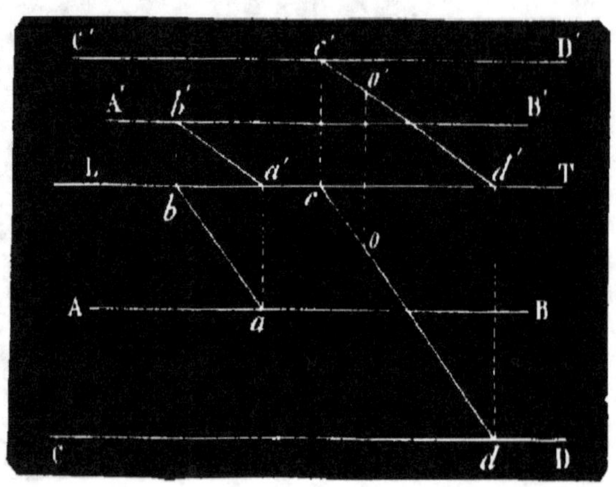

Fig. 68.

Soient o, o' et $AB, A'B'$ le point et le plan donnés.

Traçons une ligne quelconque ab, $a'b'$ dans le plan $AB, A'B'$ et menons par le point oo' une parallèle $cd, c'd'$ à cette ligne, **nous aurons une ligne du plan cherché** ; menons par ses traces d et c' des parallèles à la ligne de terre ; ces parallèles sont les traces du plan.

3° *Le plan passe par la ligne de terre et un point* (fig. 69).

Proposons-nous de mener par le point m, m' un plan parallèle au plan $LToo'$; le plan cherché est

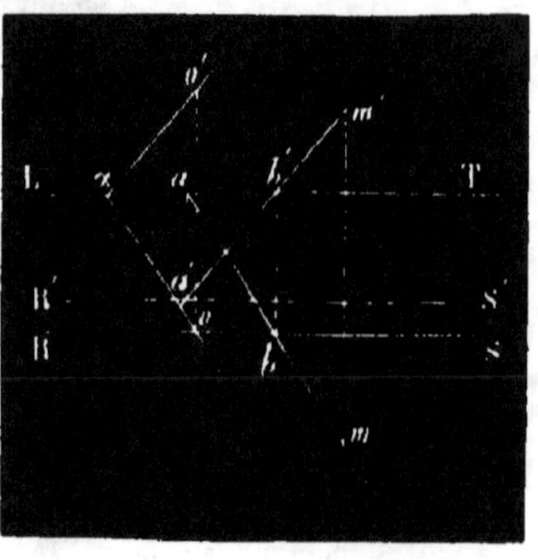

Fig. 69.

parallèle à la ligne de terre et ses traces sont parallèles à cette ligne. Menons par le point m, m' une parallèle $ma, m'a'$ à une

ligne quelconque $o\alpha$, $o'\alpha$ du plan donné, nous aurons une ligne
du plan cherché. Si l'on mène ensuite des parallèles RS , R'S
à la ligne de terre par les traces b et a' de cette ligne, ces droites
seront les traces du plan à construire.

PROBLÈMES SUR LE CHAPITRE VIII.

49. Étant donnés la projection horizontale et un point de la projection
verticale d'une droite, la déterminer par la condition d'être parallèle à
un plan donné.

(On mène une parallèle à la projection horizontale de la droite par
un point de la trace horizontale du plan ; on regarde cette parallèle comme
la projection horizontale d'une droite du plan, et on détermine la projection verticale de cette droite. Puis par la projection verticale du point on
mène une parallèle à cette projection verticale.)

50. Mener par un point donné une droite parallèle à un plan donné.

Application du problème VIII. On mène par le point donné un plan paral-
au plan donné, puis dans ce plan une droite quelconque passant par le
point donné.

51. On donne un plan, la projection horizontale d'un point de ce plan
et la projection verticale d'un autre point : trouver la droite qui unit ces
deux points.

52. Mener par un point donné un plan parallèle à une droite donnée.

(On mène par le point une droite parallèle à la droite donnée ; puis
on fait passer un plan quelconque par cette droite.)

53. Étant donnés l'une des traces d'un plan et un point de l'autre
trace, trouver sa direction.

(On mène par le point une droite dans le plan et, par un point quelconque de la trace donnée, une parallèle à cette droite ; son autre trace
est un second point de la trace cherchée.)

54. Construire les traces d'un plan passant par un point et une droite
perpendiculaire à la ligne de terre déterminée par les projections de deux
de ses points.

55. Cas où la droite est parallèle à LT

CHAPITRE IX.

SUITE DES PROBLÈMES SUR LE PLAN.

INTERSECTION DE PLANS.

77. Problème. — *Trouver l'intersection de deux plans dont les traces de même nom se rencontrent.*

Soient les deux plans P'αP et A'BA, dont les traces de même nom se rencontrent (fig. 70). Leur intersection est une ligne droite; cette ligne étant située dans le plan P'αP, ses traces sont situées sur les traces de même nom de ce plan (n° 65).

Pour la même raison, elles sont situées sur les traces de même nom du plan A'BA.

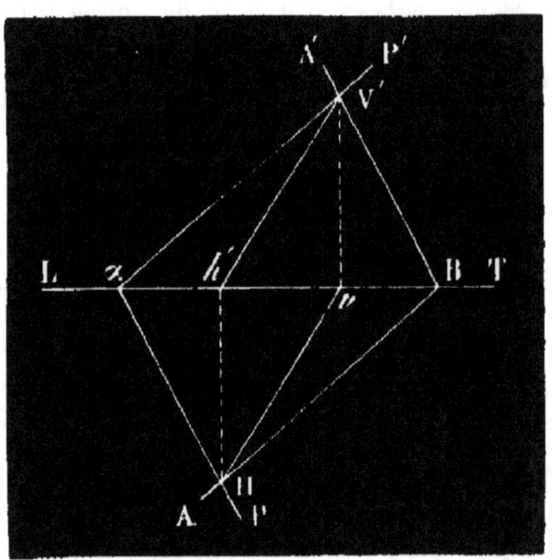

Fig. 70.

Donc la trace horizontale de l'intersection se trouve à la rencontre H des traces horizontales des deux plans et sa trace verticale à l'intersection V' des traces verticales des mêmes plans.

Connaissant les traces de l'intersection, on trouve facilement ses projections hH , V'v (n° 55).

Cas particuliers. — Le problème de l'intersection de deux plans offre un grand nombre de cas particuliers; nous ne traiterons que les plus importants; les autres seront donnés en exercices.

78. 1° *Intersection de deux plans dont l'un est quelconque et l'autre horizontal.*

Il est clair que l'intersection est une horizontale du plan P'αP dont la trace verticale est a'; ses projections sont donc a'N' et ab (fig. 71).

79. 2° *Intersection d'un plan quelconque et d'un plan parallèle au plan vertical.*

L'intersection des deux plans P'αP et MN est une ligne de front du plan P' et I', dont la trace horizontale est a et les projections aN et $a'b'$ (fig. 72).

80. 3° *Les traces des deux plans sont concourantes, mais ne se rencontrent pas dans les limites de l'épure.*

La méthode précédente se trouve ici en défaut. On emploie alors un procédé général, qui consiste à couper par un troisième plan les deux plans donnés. Il en résulte deux lignes d'intersection dont le point commun est un point de la droite cherchée. Un second plan auxiliaire donne un second point, que l'on n'a plus qu'à joindre au premier.

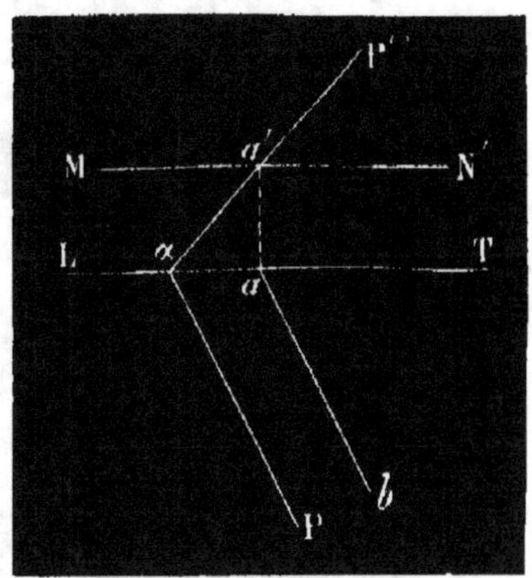

Fig. 71.

P'αP, A'BA sont les plans donnés (fig. 73). On les coupe par les plans horizontaux M'N', R'Q'.

D'après le premier cas particulier, on a :

V'N', vo, intersection de P'αP avec M'N'.

V'₁M', v_1o, in-tersection de A'BA avec M'N'.

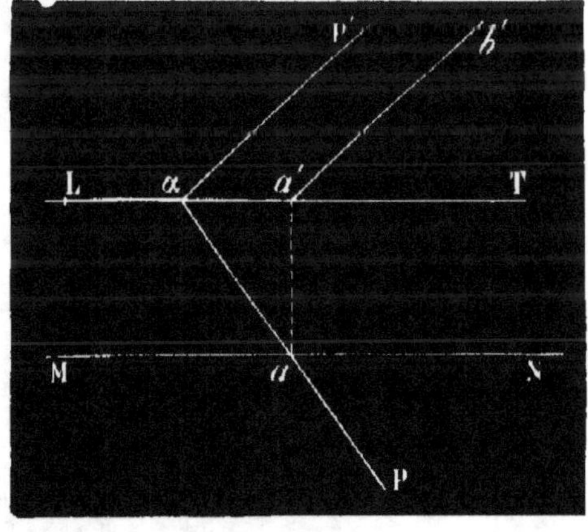

Fig. 72.

Les projections horizontales se rencontrent en o; d'où o' sur M'N'. o,o' est un point de l'intersection cherchée.

Le second plan R'Q' donne k,k'.

L'intersection est ok, $o'k'$.

81. 4° *Les traces de même nom sont parallèles.*

On sait que si deux plans qui se coupent passent par deux lignes parallèles leur intersection est parallèle à ces lignes.

Par conséquent, si les traces horizontales des deux plans sont parallèles, leur intersection est une horizontale, et si les traces verticales sont parallèles, leur intersection est une ligne de

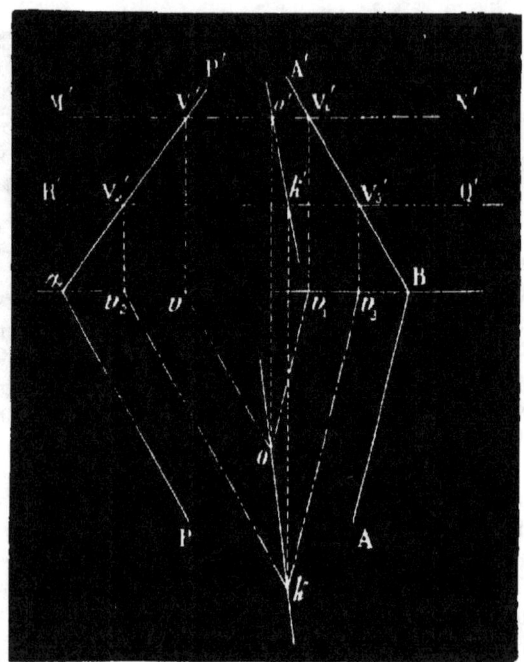

Fig. 73.

front. L'épure est faite dans le premier cas (fig. 74).

On y arriverait encore en opérant comme dans le cas général de l'intersection de deux plans. Il n'y a qu'à remarquer que le point H est à l'infini sur αP et sur BA.

82. 5° *Intersection de deux plans dont l'un coupe la ligne de terre et l'autre lui est parallèle.* — Ce problème rentre dans le cas général. La figure est claire d'elle-même (fig. 75).

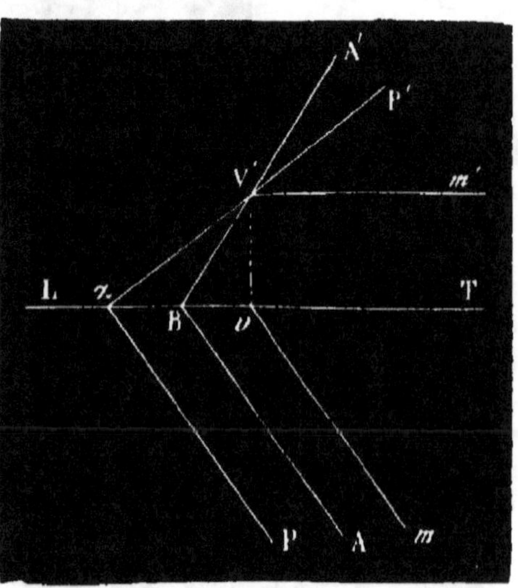

Fig. 74.

83. 6° *Intersection de deux plans parallèles à la ligne de terre.* Les plans sont AB , A′B′; CD , C′D′ (fig. 76).

L'intersection est parallèle à la ligne de terre ; il suffit de dé-
terminer un de ses points. A cet effet, on coupe les plans donnés par un plan auxiliaire quelconque P'αP ; on a vH, $V'h'$, intersection de AB, A'B' avec P'αP ; v_1H_1, $V'_1h'_1$, intersection de CD, C'D' avec P'αP. Le point commun à ces deux lignes est le point o, o', par lequel on mène la parallèle on, $o'n'$ à LT.

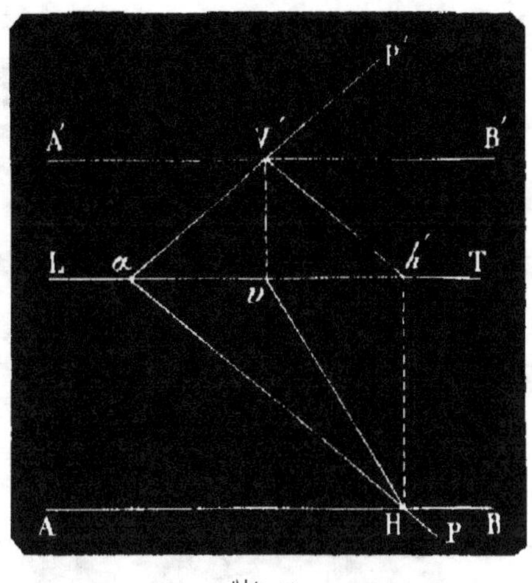

Fig. 76.

84. Remarque. — On résout souvent ce problème en coupant les deux plans donnés par un plan de profil (fig. 77).

Le plan de profil est P'αP. L'intersection avec le plan A'B', AB est V'H ; avec le plan C'D', CD, V'_2H_1.

Les projections des deux intersections sont V'α, Hα, $V_2α$, $H_1α$. Elles sont confondues sur la même ligne droite PP'. De là l'impossibilité d'avoir immédiatement le point commun aux deux intersections.

Pour le trouver, on rabat le plan de profil, avec ce qu'il contient, sur le plan horizontal, autour de αP. Les lignes V'α et $V'_2α$, perpendiculaires à αP, se rabattent sur LT et viennent en αV'$_1$ = αV', αV'$_2$ = αV'$_2$.

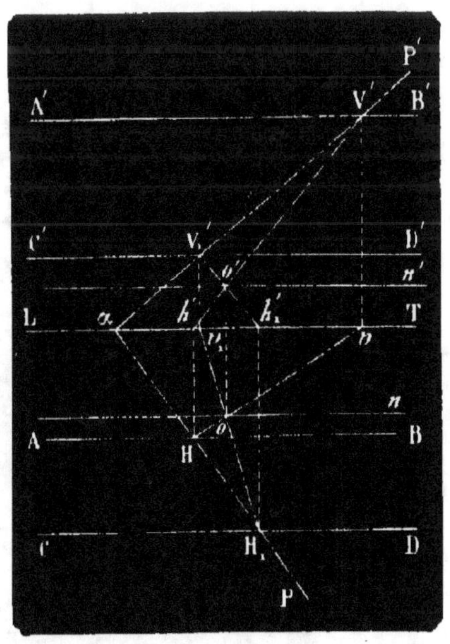

Fig. 76.

Les points H et H_1 ne bougent pas. Les intersections rabattues sont V'$_1$H et V'$_2$H$_1$. Elles se coupent en un point M_1 qui est le rabattement du point cherché. Il s'agit de relever ce point. Si

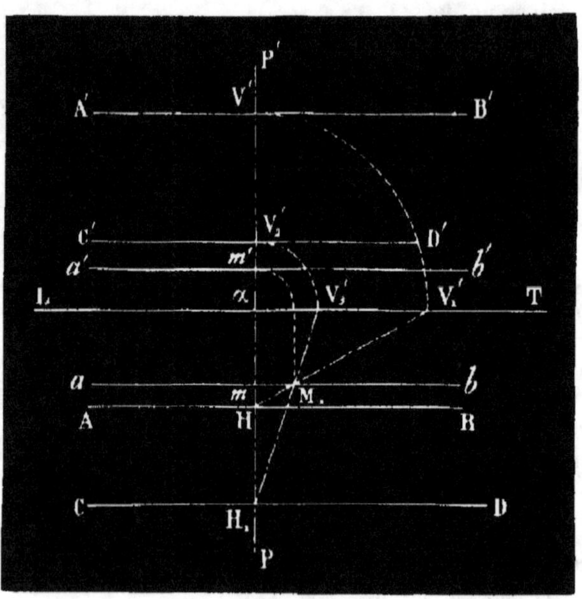

Fig. 77.

ayant le point m, m', on avait cherché le point M_1, on aurait

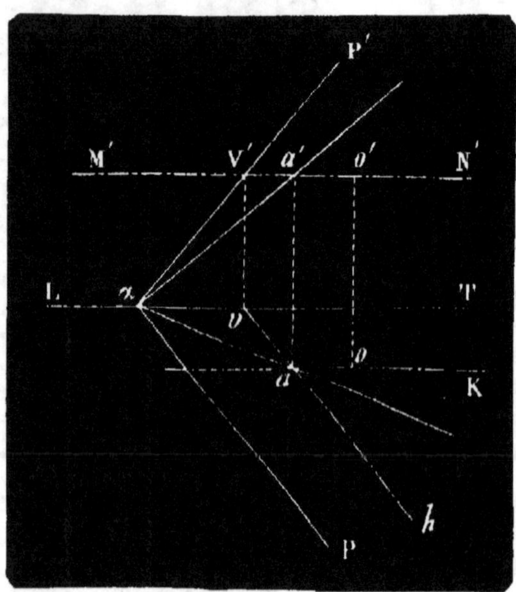

Fig. 78.

dit : La ligne Mm est perpendiculaire au plan horizontal et par
suite à αP ; elle se rabat donc suivant une perpendiculaire en m
à αP en un point M_1 tel que $mM_1 = am'$. Par suite, inverse-

ment, ayant M_1, on aura m en abaissant de M_1 une perpendiculaire sur αP et m' en portant $\alpha m' = M_1 m$.

Il ne reste plus, pour achever l'épure, qu'à mener par m, m' la parallèle ab, $a'b'$ à LT.

85. 7° *L'un des plans est quelconque, et l'autre passe par la ligne de terre et un point.*

Le premier plan est P'αP (fig. 78).

Le second plan passe par LT et o, o'.

On coupe les deux plans par un plan parallèle au plan hori-

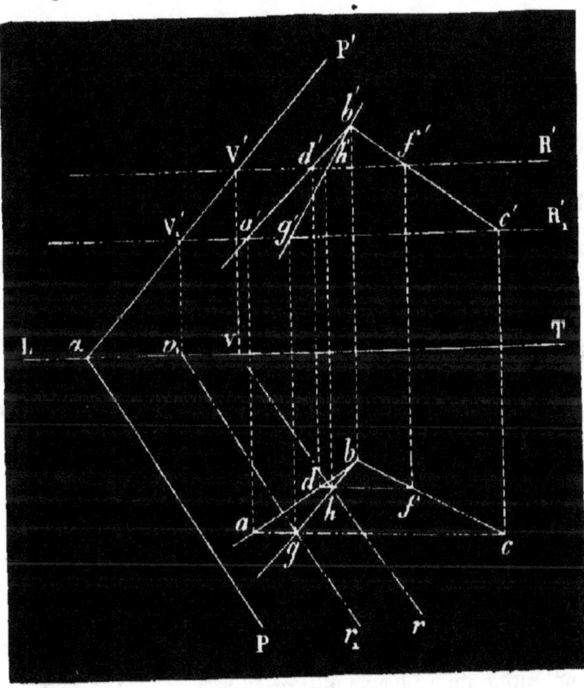

Fig. 79.

zontal, M'N'. Il coupe P'αP suivant V'N', vh. Il coupe le plan passant par LT et o, o' suivant une parallèle M'N', oK à LT, menée par o, o'. En effet le plan horizontal et ce plan sont tous deux coupés par le plan oo'LT, et comme ils sont parallèles les intersections le seront aussi.

Les projections horizontales vh et oK des intersections se coupent en a. D'où a' sur M'N'; a, a' est un point de l'intersection, α en est un autre. L'intersection est donc $\alpha a'$, αa.

86. 8° *Intersection d'un plan quelconque et d'un plan donné par deux droites qui se coupent.*

Le plan donné est P'αP (fig. 79). Le plan déterminé par les deux droites est $b'a'$, ba; $b'c'$, bc.

1° On coupe par le plan V'R' parallèle au plan horizontal. Les intersections sont :

       1° avec P'αP,   V'R', Vr.
       2° avec BAC,   d'f', df.

Ces droites se coupent en h, h', qui est un point de l'intersection.

2° On coupe par le plan $V'_,R'_,$, on a les intersections $V'_,R'_,$, $v_,r_,$; $a'c'$, ac. D'où le point g, g'.

L'intersection cherchée est gh, $g'h'$.

PROBLÈMES SUR LE CHAPITRE IX.

56. Intersection de deux plans passant par un même point de la ligne de terre.

(Ce point est un point de l'intersection ; un plan auxiliaire en détermine un second.)

57. Intersection de deux plans donnés chacun par trois points non en ligne droite.

(Deux plans horizontaux déterminent dans chaque plan deux horizontales comme intersections ; les deux points de rencontre de ces horizontales joints entre eux résolvent la question.)

58. Intersection de deux plans dont les traces sont en ligne droite. (Méthode générale.)

59. Intersection de deux plans dont l'un est perpendiculaire à l'un des plans de projection et l'autre quelconque.

60. Intersection de deux plans perpendiculaires tous deux au même plan.

(Observer que l'intersection est perpendiculaire au plan en question.)

61. Intersection de deux plans dont l'un est perpendiculaire au plan horizontal et l'autre au plan vertical.

62. Trouver les traces d'un plan passant par un point donné, avec la condition que ce plan soit parallèle à un plan donné contenant la ligne de terre.

(Application du problème VIII n° 76.)

63. Par un point donné, mener une droite qui rencontre deux droites données non situées dans le même plan.

(On mènera un plan par chaque droite et le point donné ; l'intersection de ces deux plans sera la droite demandée.)

64. Tracer une ligne droite parallèle à une ligne droite donnée et rencontrant deux autres droites non situées dans le même plan.

(Par la ligne droite donnée, on mène des plans parallèles aux deux autres droites. Ces plans se rencontrent suivant une ligne qui résout le problème.)

65. Intersection d'un plan donné par ses traces avec un autre plan faisant un angle de 36° avec le plan horizontal et passant par la ligne de terre.

(On trouvera un point du second plan avec la condition de l'angle, et on sera ramené à l'intersection d'un plan quelconque et d'un plan passant par la ligne de terre et un point.)

CHAPITRE X.

PROBLÈMES SUR LA LIGNE DROITE ET LE PLAN.

87. Problème I. — *Trouver l'intersection d'une ligne droite et d'un plan.*

Méthode générale. — Soit à trouver l'intersection de la droite AB et du plan MN (fig. 80).

Si l'on fait passer un plan quelconque ABF par la droite, il coupe MN suivant une droite CD qui va rencontrer AB en un certain point C; ce point est le point d'intersection cherché.

Règle générale :

Pour trouver l'intersection d'une ligne droite et d'un plan, faites passer par la droite un plan quelconque; construisez l'intersection de ce plan avec le plan donné et prolongez-la jusqu'à sa rencontre avec la droite; le point d'intersection de ces lignes est le point cherché.

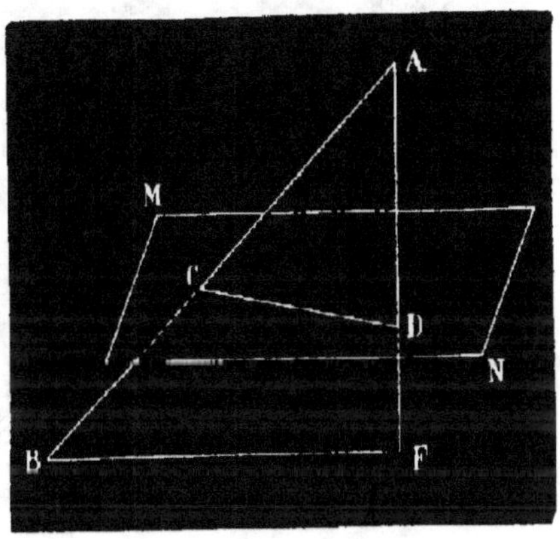

Fig. 80.

Proposons-nous maintenant de déterminer l'intersection de la droite $V'_1 h'_1, v_1 H$, avec le plan P'αP (fig. 81). Les traces de tout plan contenant la droite passent par les traces V_1 et H_1 de cette droite. Un plan n'est pas déterminé par une droite. Pour rompre l'indétermination, on prend un point quelconque β sur LT et on le joint aux points V'_1 et H_1. Le plan est R'βR.

Je détermine son intersection avec le plan P'αP, soit $V'h', vH$. Les droites $V'h', vH$; $V'_1 h'_1, v_1 H_1$ se coupent en m, m'; m, m' est le point cherché.

88. Remarque. — Au lieu de faire passer par la droite un plan quelconque, on emploie de préférence le plan qui la projette horizontalement ou verticalement.

Soient la droite $ab, a'b'$ et le plan P'αP (fig. 82).

Le plan qui projette horizontalement $ab, a'b'$ est un plan vertical, dont les traces sont ab et bd'; son intersection avec P'αP est la droite $cb, c'd'$, qui coupe la droite donnée en un point dont la projection verticale est m', ce qui permet de déterminer sa pro-

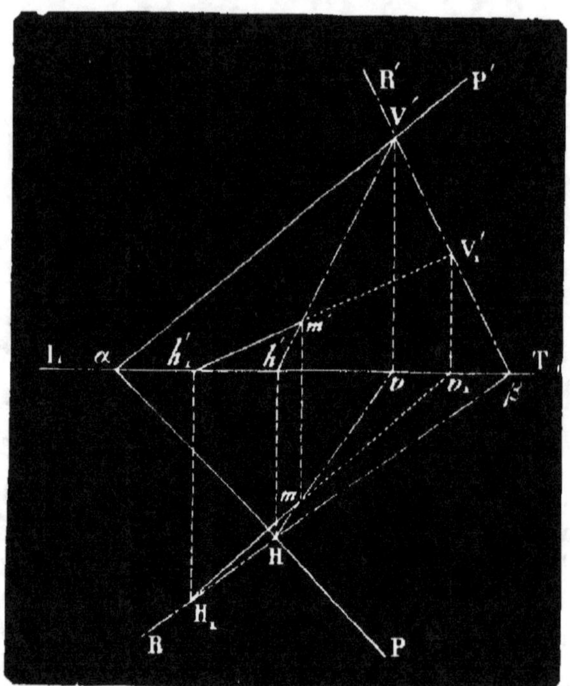

Fig. 81.

jection horizontale m. Remarquons que la projection horizontale

de l'intersection n'est pas donnée directement dans cette méthode, car la droite donnée et l'intersection du plan qui la projette horizontalement avec le plan P'αP ont même projection horizontale.

On aurait une construction analogue en employant le plan $a'b'$P qui projette verticalement la droite.

Remarque. — Le problème de

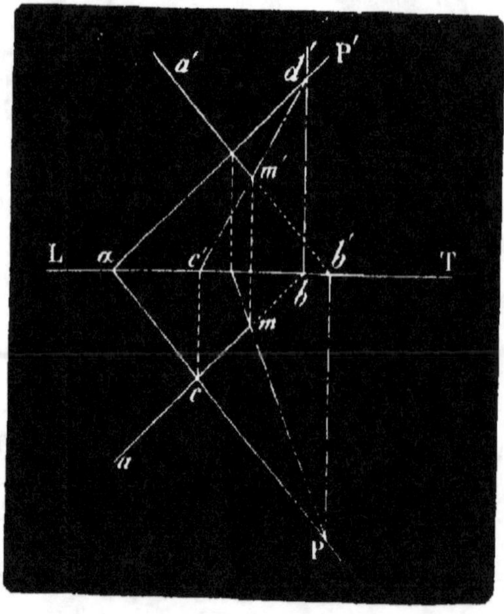

Fig. 82.

l'intersection d'une droite et d'un plan, comme celui de l'intersection de deux plans, présente un très-grand nombre de cas
particuliers. Donnons-en deux seulement.

89. Cas particuliers. — *1° Trouver l'intersection d'une droite*

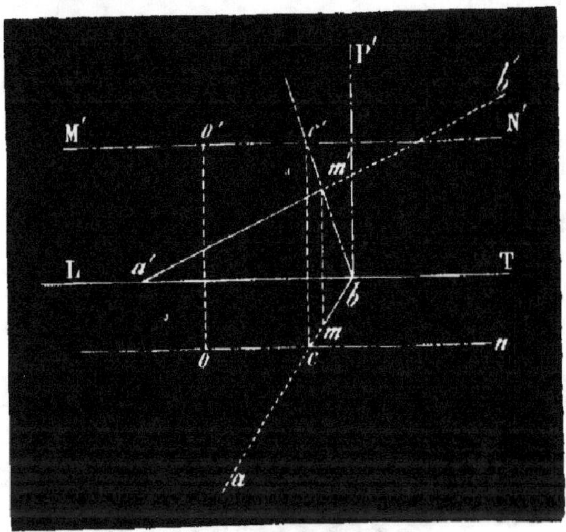

Fig. 83.

et d'un plan passant par la ligne de terre et un point.

Soient la droite *ab,a'b'* et le plan LT*oo'*
(fig. 83); je cherche l'intersection du plan
donné avec le plan P'*ba* qui projette horizontalement la droite;
le point *b* est un point
de cette intersection.
Pour en déterminer
un second, je coupe
tout le système par
un plan horizontal
M'N' passant par *o,o'*.

L'intersection avec
LT*oo'* est *o'*N', on
(n° 85); la projection
horizontale de l'inter-
section avec P'*ba* est
ba; d'où le point *c,c'*,
commun aux deux
plans. L'intersection

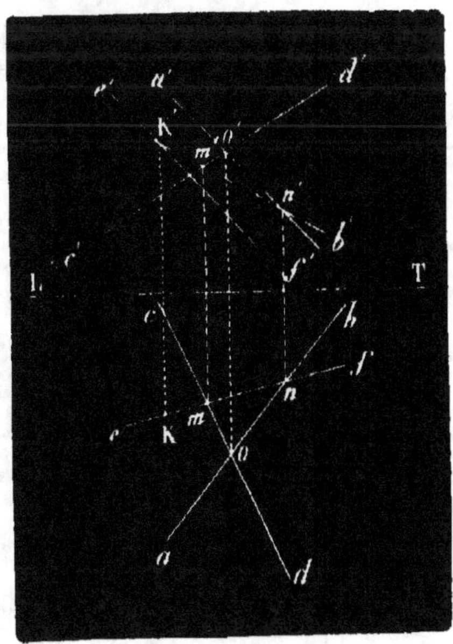

Fig. 84.

des plans est donc bc, $b'c'$. Elle rencontre ab, $a'b'$ en un point m', m, qui est le point d'intersection cherché.

90. 2° *Intersection d'une droite et d'un plan déterminé par deux droites qui se coupent.*

Le plan est déterminé par les droites ab, $a'b'$; cd, $c'd'$, se coupant en o, o' (fig. 84). La droite donnée est ef, $e'f'$. On mène le plan qui la projette horizontalement. Il coupe le plan des droites suivant mn, $m'n'$; mn, $m'n'$ rencontre ef, $e'f'$ en K, K', qui est le point cherché.

91. Applications du dernier problème. — 1° *Trouver l'intersection d'une droite et d'un polyèdre.*

Proposons-nous de déterminer l'intersection de la droite ab, $a'b'$ avec la pyramide SABC, S'A'B'C' (fig. 85).

Les faces de la pyramide étant limitées aux arêtes, la droite donnée ne peut rencontrer que deux d'entre elles ; or les seules faces que la droite ab, $a'b'$ puisse couper ont pour projections horizontales ASC et BSC. La face ASC est un plan déterminé par les deux droites AC, A'C' et SC, S'C', qui se coupent au point C, C'.

Le plan projetant horizontalement ab, $a'b'$ coupe la ligne AC, A'C' au point f, f' et la droite CS, C'S' au point g, g', et, par suite, le plan ASC, A'S'C' suivant la droite fg, $f'g'$; cette ligne rencontre ab, $a'b'$ au point h, h', qui est l'intersection de la droite donnée avec la face ASC, A'S'C'. On obtient de la même manière son intersection o, o' avec la face BSC, B'S'C'. — La droite pénètre dans le polyèdre par le point f, f' et en sort par le point o, o'.

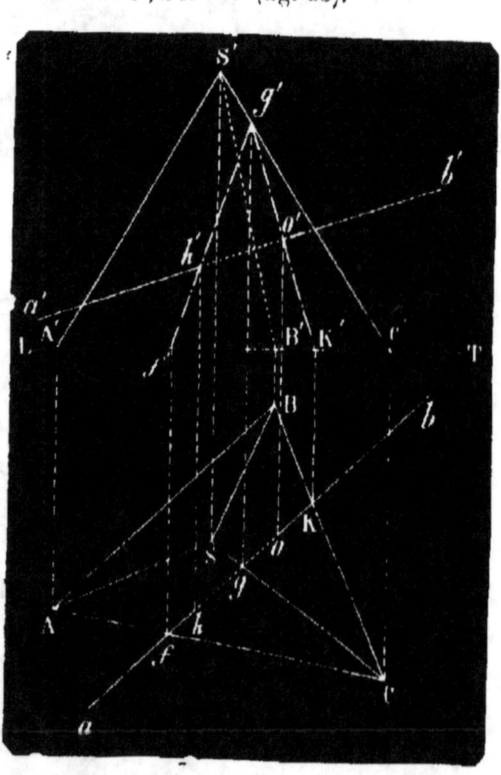

Fig. 85.

92. Deuxième application. — *Ombre d'une pyramide sur une autre pyramide.*

Considérons les deux pyramides SABC, S'A'B'C' ; GDEF, G'D'E'F' (fig. 86). Si la deuxième pyramide n'existait pas, l'om-

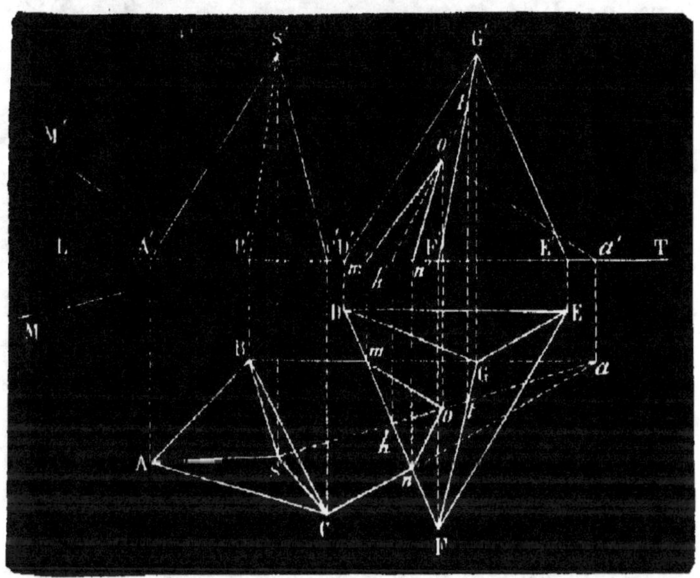

Fig. 86.

bre de la première sur le plan horizontal s'obtiendrait en menant par son sommet S, S' une parallèle à la direction des rayons lumineux , et en cherchant sa trace horizontale *a* on aurait BaC. Mais le rayon lumineux Sa, S'a' rencontre la deuxième pyramide en un point o, o', que l'on construit facilement (n° 91). Les plans d'ombre portée BSa, SCa rencontrent la face DGF de la seconde pyramide suivant mo, m'o'; no, n'o'. Il en résulte que l'ombre portée par les arêtes SC, S'C'; SB, S'B' sur le plan horizontal et sur la deuxième pyramide est limitée par les deux lignes brisées Cno, Bmo.

LIGNES ET PLANS PERPENDICULAIRES.

THÉORÈME.

93. *Lorsqu'une ligne droite est perpendiculaire à un plan, les projections de cette ligne sont perpendiculaires aux traces de même nom du plan.*

Soit une droite AB perpendiculaire au plan MN, M'N' (fig. 87) ; je dis que les projections ab, a'b' de cette ligne sont perpendiculaires aux traces MN et M'N' du plan.

Le plan ABba qui projette horizontalement la droite AB est

perpendiculaire au plan horizontal LTH par hypothèse et au plan MN, M'N', puisqu'il passe par une droite perpendiculaire à

ce plan; il est donc perpendiculaire à l'intersection MN de ces deux plans. Inversement la droite MN est perpendiculaire au plan AB*ba*, et par suite, à la droite *ab* qui passe par son pied dans ce plan. C. Q. F. D.

On démontrerait de la même manière que *a'b'* est perpendiculaire à M'N'.

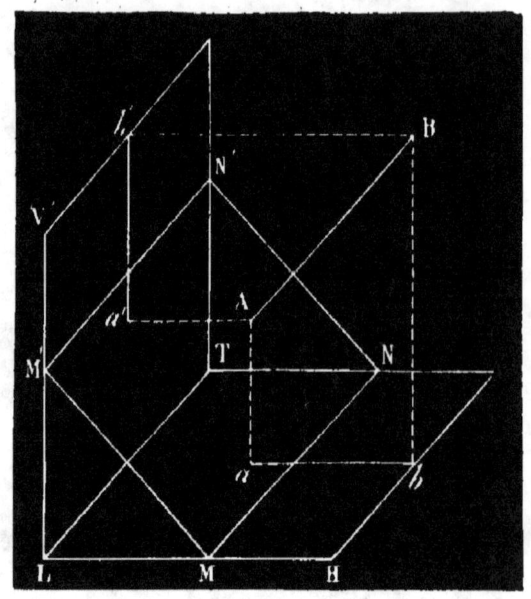

Fig. 87.

Réciproquement, *si les projections d'une ligne droite sont perpendiculaires aux traces d'un plan qui coupe la ligne de terre, la droite est perpendiculaire à ce plan.*

Supposons que les projections *ab*, *a'b'*, qui déterminent une droite AB de l'espace soient perpendiculaires aux traces MN, M'N' d'un plan, je dis que AB est perpendiculaire à ce plan. Si l'on mène par *ab* un plan P perpendiculaire au plan horizontal LTH, il est en même temps perpendiculaire au plan MN, M'N' puisqu'il est perpendiculaire à une droite MN de ce plan; menons également par *a'b'* un plan P' perpendiculaire au plan vertical, il sera en même temps perpendiculaire au plan MN, M'N' pour la même raison ; or les deux plans P et P' se coupent suivant une ligne AB, puisque les traces MN, M'N' ne sont pas parallèles; mais, lorsque deux plans qui se coupent sont perpendiculaires à un troisième, leur intersection est perpendiculaire à ce troisième plan; donc AB est perpendiculaire au plan MN, M'N'.   C. Q. F. D.

Conséquence. — *Pour mener par un point une perpendiculaire à un plan, il suffit de tracer par ce point une droite dont les projections soient perpendiculaires aux traces du plan.*

94. Problème II. — *Trouver en vraie grandeur la distance d'un point à un plan donné par ses traces.*

La distance du point *aa'* au plan P'αP (fig. 88) est mesurée par la longueur de la perpendiculaire abaissée de ce point sur le plan. Or, pour obtenir cette perpendiculaire, il suffit (n° 93) de mener par le point a, a' une droite dont les projections am et $a'm'$ soient perpendiculaires aux traces αP et $\alpha P'$ du plan donné. Déterminons l'intersection m, m' de cette droite et du plan (n° 88); cherchons-en la vraie grandeur $a'm'_1$, en la faisant tourner autour d'un axe vertical passant par a, a', jusqu'à ce qu'elle soit parallèle au plan vertical (n° 52).

Il en résulte

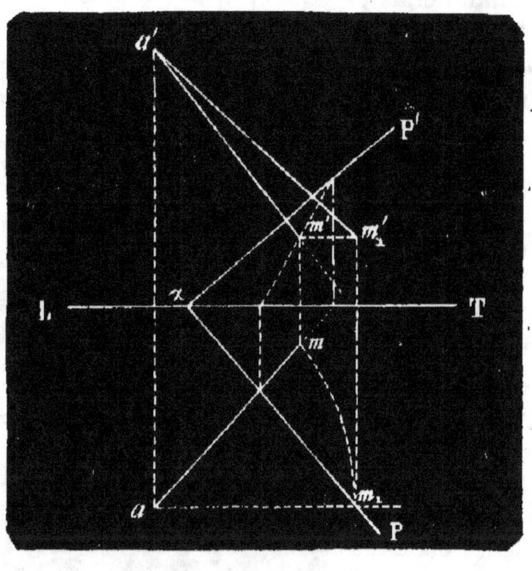

Fig. 88.

que $a'm'_1$ est la distance du point donnée au plan.

95. Cas particulier. — *Le plan est donné par deux droites qui se coupent.*

Soient un point o, o' et un plan donné par les deux droites ab, $a'b'$; cd, $c'd'$, qui se coupent au point d, d' (fig. 89); je détermine une horizontale fe, $f'e'$ de ce plan, en le coupant par un plan horizontal $M'N'$, puis une ligne de front $ag, a'g'$, en le coupant par un plan PQ parallèle au plan vertical.

La projec-

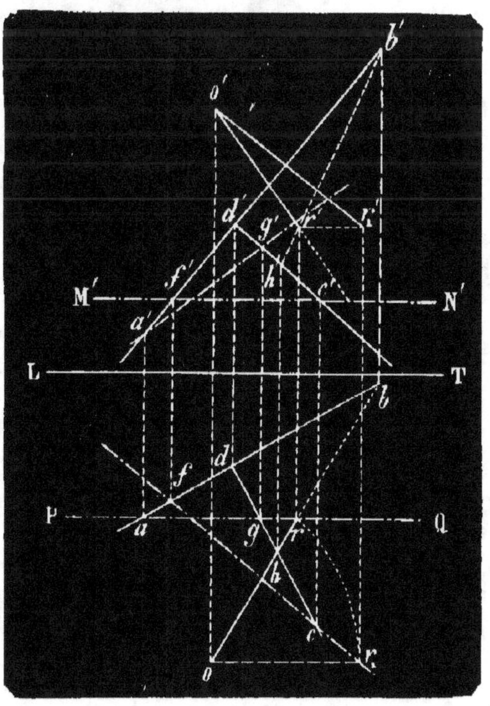

Fig. 89.

tion horizontale de la perpendiculaire abaissée du point o,o' sur le plan donné est une perpendiculaire or à fc, sa projection verticale $o'r'$ est perpendiculaire à $a'g'$. On déterminera l'intersection de cette perpendiculaire et du plan (n° 90), et sa vraie grandeur par une rotation (n° 52).

96. Problème III. — Problème inverse. — *Mener par un point un plan perpendiculaire à une ligne donnée.*

Soit à mener par le point o,o' un plan perpendiculaire à la droite $a'b'$, ab (fig. 90).

On mène par o,o' une horizontale de ce plan.

La projection horizontale de cette ligne est parallèle à la trace horizontale du plan que l'on veut mener, et comme celle-ci doit être perpendiculaire à ab, il suffit de mener par o une perpendiculaire à ab. La projection verticale de cette ligne est parallèle à LT. On a en V′ la

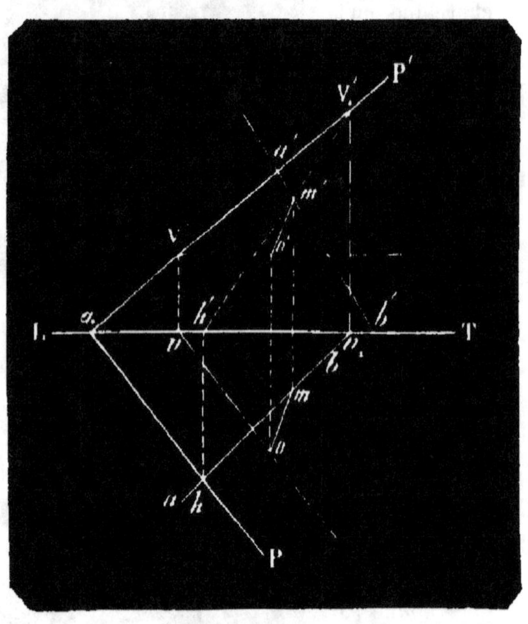

Fig. 90.

trace verticale de l'horizontale. C'est un point de la trace verticale du plan ; elle doit être perpendiculaire à $a'b'$ (n° 93) ; soit $\alpha P'$ cette trace. Il ne reste plus qu'à mener du point α une perpendiculaire αP sur ab, ou une parallèle à vo. Le plan est P′αP.

Remarque. — Sur l'épure, on a cherché l'intersection du plan P′αP avec ab, $a'b'$ en menant le plan projetant cette droite sur le plan horizontal. L'intersection de ces deux plans est V′,h', v,h. Elle rencontre ab, $a'b'$ en m,m'. La ligne om, $o'm'$ mesure alors la distance du point o,o' à la droite donnée. (La droite étant perpendiculaire au plan au point oo' est perpendiculaire sur om, $o'm'$ qui passe par son pied dans le plan.)

Par une rotation, on aurait la véritable grandeur de la droite om, $o'm'$.

97. Problème IV. — *Trouver la plus courte distance entre deux droites non situées dans le même plan.*

Ce problème revient à construire la perpendiculaire commune à deux droites non situées dans le même plan, et à trouver la longueur de la portion comprise entre les deux droites données.

1re Solution. — Si par un point de la première droite on mène une parallèle à la seconde, et par un point de la seconde une parallèle à la première, les quatre droites déterminent deux plans parallèles, puisqu'elles forment deux angles ayant leurs côtés parallèles.

En outre, la distance de ces deux plans parallèles sera la même que celle des droites et on l'obtiendra facilement. Si on veut maintenant la perpendiculaire commune en projections, on mènera par chacune des droites données un plan perpendiculaire au système des plans parallèles tracés précédemment; ces deux plans nouveaux se couperont suivant une droite qui sera celle que l'on demande.

2° Solution. — Soient AB et CD deux droites données (fig. 91). Par un point C de CD, on mène une parallèle CF à AB; puis on mène le plan MN passant par CD et CF. D'un point quelconque B de AB, on abaisse BK perpendiculaire sur MN; par le point K, on trace une parallèle à CF, elle rencontre CD en O et par le point O on mène une parallèle OH à BK jusqu'à la ligne AB. — La ligne OH est la perpendiculaire

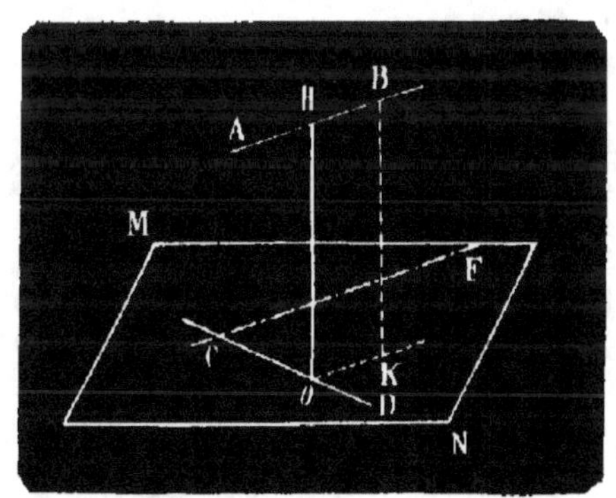

Fig. 91.

commune aux droites AB et CD. En effet, elle est perpendiculaire au plan MN, comme étant parallèle à BK; elle est, par suite, perpendiculaire aux droites OK et OD qui passent par son pied dans le plan, et par conséquent à AB qui est parallèle à OK.

Nous renvoyons aux cours de géométrie pour voir que OH est la plus courte distance entre AB et CD.

L'épure sera facile à faire, puisqu'il ne s'agit que de résoudre plusieurs problèmes déjà étudiés. Nous laissons comme exercice au lecteur le soin de terminer la question à l'aide des indications ci-dessus.

PROBLÈMES SUR LE CHAPITRE X.

66. Trouver sur la verticale d'un point m un point tel que sa distance à un plan donné P′αP soit égale à une longueur donnée.

67. Distance de deux droites parallèles.

(Application du problème III de ce chapitre.)

68. Distance d'une droite à un plan parallèle.

(Application du problème II de ce chapitre.)

69. Étant donnés deux droites et un point, situés comme on voudra dans l'espace, mener par ce point une troisième droite rencontrant les deux premières.

(On mène par le point et une des droites un plan; l'intersection de ce plan et de l'autre droite jointe au point donné résout le problème.)

70. Intersection d'un plan et d'une ligne droite située dans un plan perpendiculaire à la ligne de terre et déterminée par les projections de deux points. (Méthode générale.)

71. Intersection d'un plan quelconque et d'une droite perpendiculaire au plan horizontal.

(Le plan que l'on mènera par la droite sera perpendiculaire au plan horizontal, et sa trace horizontale passera par la projection horizontale de la droite.)

72. Intersection des trois plans quelconques.

(L'intersection de deux premiers plans rencontre le troisième au point cherché. — Discuter le problème.)

73. Les traces d'un plan et les projections d'une figure sur deux plans rectangulaires étant données, déterminer les projections de cette figure sur le plan donné.

(Les projections de la figure s'obtiennent en abaissant des différents sommets des perpendiculaires sur le plan et en cherchant le point de rencontre du plan et de ces perpendiculaires.)

Application à un cube dont la base est sur le plan horizontal.

74. Les projections d'une ligne droite et les traces d'un plan étant données, construire les traces d'un second plan perpendiculaire au premier et passant par la droite donnée.

(On mène par un point de la droite une perpendiculaire au plan et on construit les traces du plan des deux droites.)

75. Intersection d'un plan et d'une droite parallèle à LT. (Méthode générale.)

76. Les projections d'une ligne droite et la projection horizontale d'une autre droite parallèle à la première étant données, construire la projection verticale de la seconde droite, la distance des deux parallèles étant donnée.

(Application du problème II.)

77. Distance d'un point à une ligne droite, lorsque cette droite est située dans un plan perpendiculaire à la ligne de terre. (Méthode générale.)

78. Intersection d'un plan parallèle à la ligne de terre, avec une droite parallèle au plan horizontal.

79. Intersection d'un plan dont les traces se confondent avec une parallèle à la ligne de terre, et d'une droite perpendiculaire à l'un des plans de projection. (Méthode générale.)

80. Intersection d'un plan dont les traces se confondent avec une parallèle à LT et d'une droite perpendiculaire à la ligne de terre. (Méthode générale.)

CHAPITRE XI.

MÉTHODE DES RABATTEMENTS.

98. Les lignes qui se rapportent à un problème sont souvent dans un même plan. On conçoit que, si l'on prenait ce plan pour l'un des plans de projection, il en résulterait de grandes simplifications, les questions se ramenant à des problèmes de géométrie plane. Au lieu d'opérer un changement de plan, on peut rabattre sur l'un des plans de projection le plan qui renferme toutes ces lignes, en le faisant tourner autour de sa trace dans ce plan. Le rabattement fait, en résoudra la question et on relèvera ensuite le plan rabattu, pour placer les résultats en projection.

Fréquemment le rabattement a lieu autour d'une horizontale ou d'une ligne de front sur un plan parallèle au plan horizontal ou au plan vertical de projection.

RABATTEMENT AUTOUR DES TRACES.

Le problème général à résoudre est celui-ci :

99. *Étant données les projections* a , a' *d'un point* A *situé dans un plan dont on a la trace horizontale, trouver la position que le point* A *prendra sur le plan horizontal, quand on rabattra le plan considéré autour de sa trace horizontale* (fig. 92).

100. 1ʳᵉ **Méthode.** — Soient PQ la trace du plan, a, a' le point donné. La perpendiculaire abaissée de A sur le plan horizontal tombe en a ; si l'on abaisse de a une perpendiculaire aK sur PQ et qu'on joigne son pied K au point A, la droite AK sera perpendiculaire à PQ

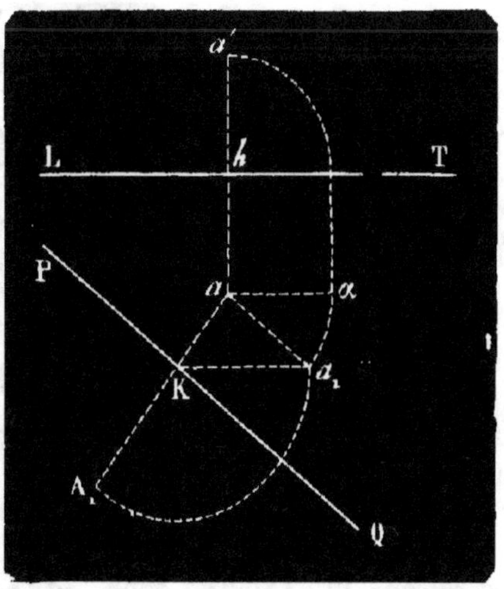

Fig. 92.

d'après le *théorème des trois perpendiculaires*. Dans le rabattement, cette ligne reste perpendiculaire à PQ et vient par conséquent se rabattre sur le prolongement de aK. Tout se réduit
à trouver la longueur de la droite AK. Elle est l'hypoténuse
d'un triangle rectangle dont Aa ou $a'h$ et aK sont les côtés de
l'angle droit. On le construit en aa_1K ; aa_1 est perpendiculaire
à aK et égal à $a'h$ que l'on porte sur la perpendiculaire, comme
l'indiquent les constructions ; Ka_1 est l'hypoténuse. On décrit
alors de K avec Ka_1 pour rayon une circonférence jusqu'à la
rencontre de aK prolongé. On a le rabattement A, du point A.

101. Question inverse. — Dans le triangle aKa_1, l'angle
aKa_1 mesure l'inclinaison du plan considéré sur le plan horizontal. Quand on connaît cette inclinaison et le point A_1, on relève facilement ce point et on trouve les projections a et a'.

De A_1, on abaisse la perpendiculaire, A_1K sur PQ et on prolonge. En K, on fait avec ce prolongement un angle égal à l'inclinaison donnée, et on porte sur la ligne qui en résulte Ka_1 = KA$_1$;
on abaisse de a_1 la perpendiculaire a_1a sur aK : on a le point a. De
ce point, on abaisse une perpendiculaire ah sur LT et on prolonge ;
on prend ha' égal à aa_1 et on a le point a'.

102. Remarque. — On emploierait les mêmes constructions
pour le rabattement sur le plan vertical. Le rabattement sur
le plan horizontal est bien plus fréquent.

103. 2e Méthode. — Lorsque le plan est donné par ses traces et que le point où
elles rencontrent la ligne de terre est connu,
on peut opérer d'une autre manière.

Soit le plan P'aP et
le point a,a' (fig. 93).
Par ce point, on mène
dans le plan une droite
quelconque vH, V'h'.
Rabattons le plan donné
sur le plan horizontal
autour de sa trace aP.
Le point V' se rabattra
sur la perpendiculaire
menée par v à aP, pour
les raisons dites plus
haut. Mais la distance
aV' ne varie pas ; le

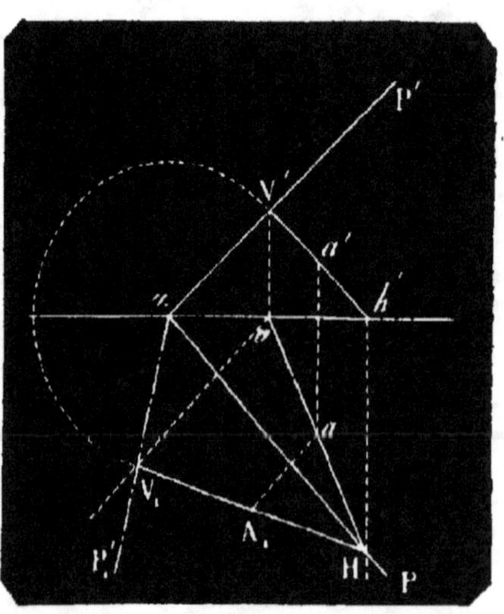

Fig. 93.

point se rabattra à une distance de a égale à aV', c'est-à-dire sur la circonférence décrite de α comme centre avec αV' pour rayon.

Le point V_1 où cette circonférence est rencontrée par la perpendiculaire menée par v est le rabattement de V'. La trace horizontale ne change pas, la droite est rabattue en V_1H. Le point A doit se rabattre sur cette droite et sur une perpendiculaire abaissée de a sur αP, par suite à la rencontre en A_1.

104. Question inverse. — Le problème inverse, dans ce cas, est facile à résoudre. On donne P'αP et le rabattement A_1 d'un point de ce plan. En prenant un point quelconque commun au plan vertical et au plan donné, on rabat la trace verticale du plan sur le plan horizontal en $αP'_1$. Du point A_1 menons une droite quelconque V_1H terminée à $αP'_1$ et αP. De α comme centre avec $αV_1$, décrivons une circonférence qui coupe αP' en V'; V' et H sont les traces d'une droite dont les projections V'h' et vH sont vite obtenues. Puis de A_1 on abaisse une perpendiculaire sur αP jusqu'à vH; on a la projection a; a' est sur V'h' et sur une perpendiculaire menée de a à LT.

105. Remarque I. — Il est préférable quelquefois de mener une horizontale au lieu d'une droite quelconque. Le rabattement d'une pareille ligne est parallèle à la trace horizontale.

106. Remarque II. — *Le plan donné est perpendiculaire à un des plans de projection.*

Nous renvoyons au chapitre V.

107. Application. — *Étant données les projections de trois points non en ligne droite, trouver les projections du centre du cercle qui passe par ces trois points, et déterminer le rayon de ce cercle* (fig. 94).

Les trois points donnés sont a, a'; b, b'; c, c'. Pour les faire ressortir, je trace les triangles abc, $a'b'c'$. Je fais passer un plan P'αP par les trois points (n° 69). Je rabats comme on a vu (n° 102) la trace verticale en $αP_1$. Les traces verticales V', V'_1, V'_2 des droites ab, $a'b'$; ac, $a'c'$; bc, $b'c'$ se rabattent en V, V_1 et V_2. Les traces horizontales H, H_1 et H_2 ne changent pas. Les droites rabattues sont VH, V_1H_1, V_2H_2. Elles se coupent deux à deux aux points A_1, B_1, C_1, qui sont les rabattements des points A, B, C, et qui doivent se trouver sur les perpendiculaires menées de a, b, c sur αP.

Le triangle en véritable grandeur est $A_1B_1C_1$.

On détermine le centre du cercle qui passe par ces trois points en O_1, point de rencontre des perpendiculaires élevées sur les milieux de A_1C_1 et A_1B_1. Le rayon en véritable grandeur est O_1A_1.

Cette droite rencontre αP_1 en un point V_3, qui est le rabattement de la trace verticale de cette droite. Cette trace verticale
est donc V'_3, et les projections de la ligne $V'_3 a'$, $v_3 a$.

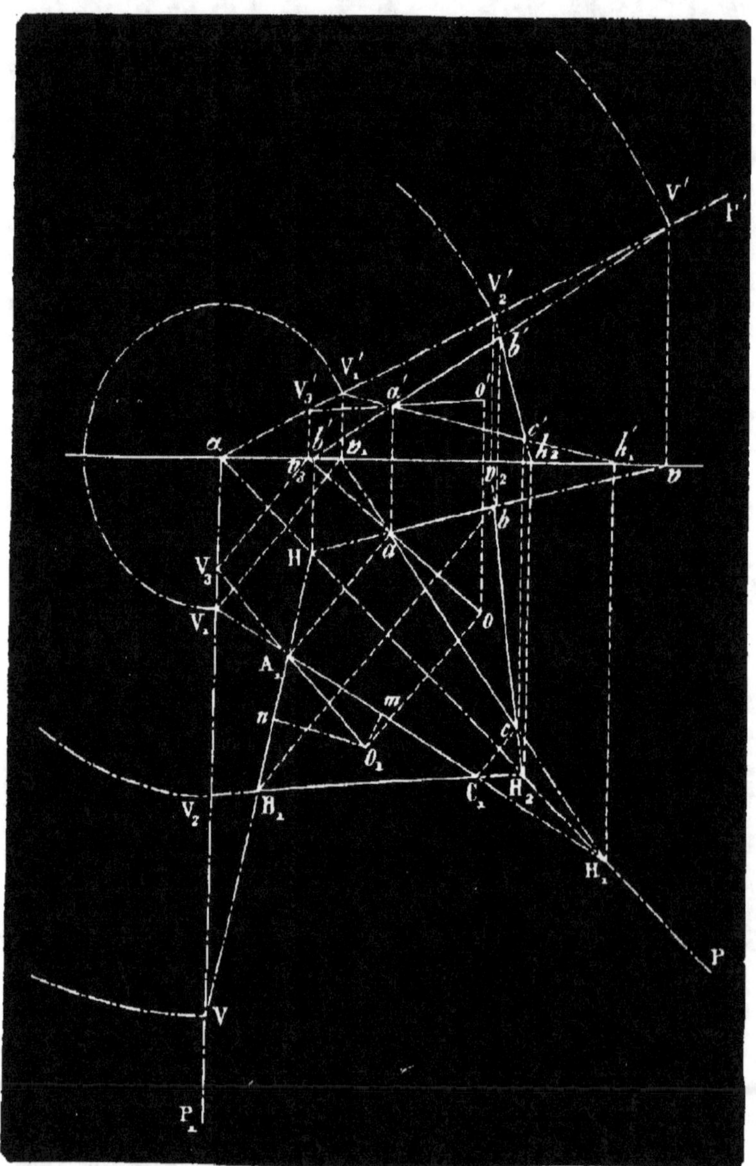

Fig. 94.

Le point o est sur la perpendiculaire menée par O_1 à αP et sur
$v_3 a$; o' est sur la perpendiculaire menée par o à LT et sur $V'_3 a'$.
D'où o, o' projections du centre; oa et $o'a'$ projections du rayon.

RABATTEMENT AUTOUR D'UNE HORIZONTALE.

108. Nous exposerons cette méthode sur le même problème qui vient d'être résolu n° 107.

Les trois points non en ligne droite sont a, a'; b, b'; c, c' (fig. 95).

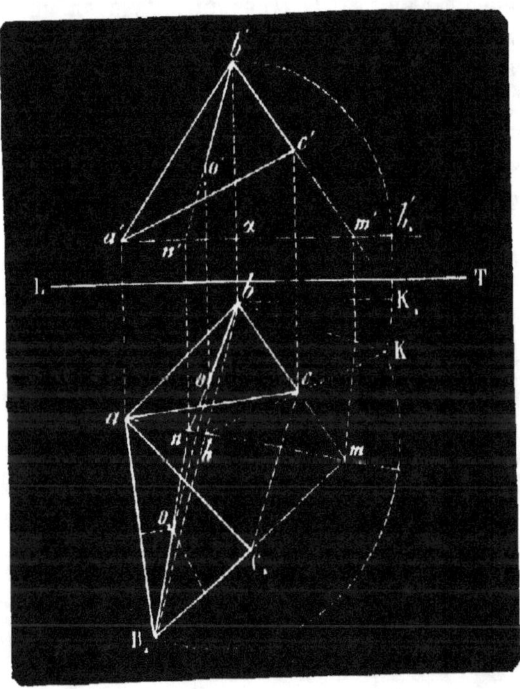

Fig. 95.

On mène l'horizontale du plan de ces trois points passant par $a.a'$ et on fait tourner le triangle autour de cette ligne ; $a'm'$ parallèle à LT est la projection verticale de l'horizontale. De m' rencontre avec $b'c'$, on a m sur bc et sur une perpendiculaire à LT. — am est la projection horizontale de l'horizontale.

Faisons tourner le triangle autour de am, $a'm'$ de manière à le rendre parallèle au plan horizontal ; cela revient à la rabattre dans le plan horizontal, dont la trace verticale serait $a'm'$.

a,a' étant sur l'axe ne bouge pas ; a est le rabattement du point A.

Le point b,b' se rabat sur la perpendiculaire bk abaissée de b sur am, à une distance kB, de am égale à l'hypoténuse d'un triangle rectangle dont bk et $b'\alpha$ sont les côtés de l'angle droit (n° 99). On a cette hypoténuse en hK ; on la porte en hB$_1$. D'où B$_1$.

Inutile de répéter cette construction pour le point c,c'. Le point m de l'axe ne bouge pas. Donc BC se rabat suivant B$_1m$; C$_1$ est sur cette ligne et sur la perpendiculaire menée de c à am. Le triangle rabattu est aB$_1$C$_1$.

Le centre du cercle circonscrit est O$_1$; B$_1$O$_1$ est le rayon en vraie grandeur. B$_1$O$_1$ rencontre l'axe en un point qui ne bougera pas quand on relèvera la figure. D'où bn sur le plan horizontal et $b'n'$ sur le plan vertical; o est sur bn et sur la perpendiculaire à l'axe menée par O$_1$; o' est sur $b'n'$ et sur une perpendiculaire menée par o à LT.

Résumé. — o, o' sont les projections du centre; bo, $b'o'$ les projections du rayon.

PROBLÈMES SUR LE CHAPITRE XI.

81. Construire les projections d'un hexagone régulier connaissant les traces de son plan et les projections horizontales de deux sommets consécutifs.

(Rabattre le plan avec les deux points donnés ; faire la construction demandée et relever pour avoir les projections.)

82. Par un point de la trace horizontale d'un plan donné, mener une droite dans ce plan, de manière qu'elle forme avec les traces du plan un triangle d'une aire donnée.

(Solution identique à la précédente.)

83. Étant données la projection horizontale d'un quadrilatère plan et les projections verticales de trois de ses sommets, dessiner les projections du quadrilatère et trouver sa véritable grandeur.

84. Un prisme droit a pour base un hexagone régulier situé dans le plan H. On prend trois points MNP à volonté sur trois des arêtes latérales. On demande : 1° les projections du prisme tronqué compris entre le plan H et le plan MNP; 2° l'ombre portée par ce tronc de prisme sur les plans de projection, en supposant le tronc éclairé par un point lumineux situé sur l'arête latérale qui passe par M à une hauteur égale au double de celle de M au-dessus du plan H.

85. On donne une pyramide quadrangulaire dont la base est dans le plan vertical et dont le sommet se projette verticalement sur la droite qui joint les points de concours des côtés opposés de la base. On demande de mener par un point de l'une des arêtes de la pyramide un plan qui la coupe suivant un parallélogramme et de représenter le tronc de pyramide ainsi obtenu.

86. Étant données les projections d'un triangle, trouver les projections du triangle qui aurait pour sommets les centres des trois cercles ex-inscrits au premier.

CHAPITRE XII.

APPLICATION DE LA MÉTHODE DES RABATTEMENTS AUX PROJECTIONS DE LA CIRCONFÉRENCE.

109. Problème I. — *On donne un point 0,0′ situé dans un plan perpendiculaire au plan vertical de projection. On demande de construire les projections d'une circonférence de rayon donné r située dans ce plan et ayant pour centre le point donné (fig. 96).*

On rabat le plan autour de sa trace horizontale avec le point *oo′* donné (n° 47). Ce point vient en O, sur le plan horizontal. La circonférence peut être construite en véritable grandeur sur ce plan; on trace de O_1 une circonférence CEDF avec *r* pour rayon. On relève alors le plan. Un point quelconque M du cercle a pour projections *m* et *m′*. On répète cette construction pour autant de points qu'on le veut. La projection horizontale s'obtiendra en joignant par un trait continu les projections horizontales de tous ces points. La projection verticale est sur *αP′*.

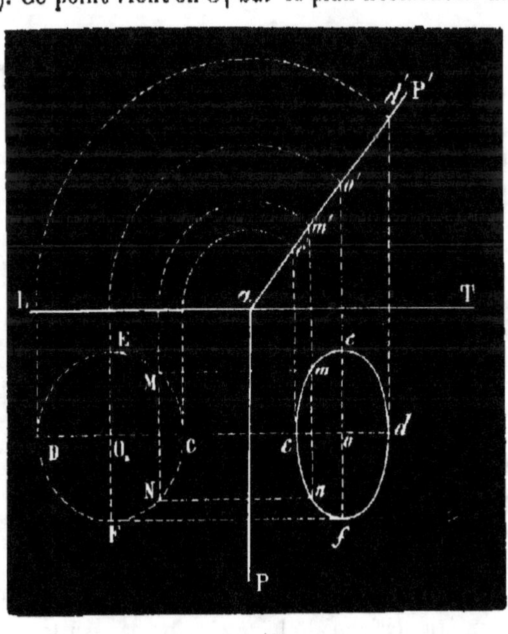

Fig. 96.

110. Remarque I. — Le diamètre EF parallèle à la charnière *αP*, reste constamment parallèle au plan horizontal pendant la rotation du plan P′*α*P, et se projette horizontalement en vraie grandeur suivant *ef*. Toutes les cordes perpendiculaires au diamètre horizontal EF ont leurs projections horizontales perpendiculaires à *ef*, et ces projections sont partagées en deux parties égales par *ef*. La ligne *ef* est donc un axe de la projection de la circonférence.

La projection d'un cercle sur un plan est une ELLIPSE (1).

Cette courbe, quand on connaît ses axes, peut être construite par points, à l'aide d'un procédé pratique fort commode.

On trace deux droites indéfinies *xx'*, *yy'* perpendiculaires entre elles; puis, sur le bord d'une bande de papier, on marque une longueur AB égale à la moitié du grand axe, et, à partir du point A, dans la même direction, une longueur AC égale à la moitié du petit axe; de sorte que CB est la différence des demi-axes. On fait glisser cette bande de papier de manière que le point C se meuve sur *xx'*, et le point B, sur *yy'*. Le point A décrit alors une ellipse, dont on marque, avec le crayon, autant de points que l'on veut.

111. Remarque II. — Il existe d'autres procédés pour tracer approximativement l'ellipse au moyen d'arcs de cercle qui se raccordent; nous pensons qu'il vaut mieux la tracer à la main après en avoir déterminé exactement un certain nombre de points par la méthode précédente.

112. Problème II. — *On donne les projections d'un point o, o' situé dans un plan quelconque; on demande de construire les projections d'une circonférence de rayon donné r située dans ce plan et ayant pour centre le point donné* (fig. 97).

Le plan donné est P'αP. Le point *o, o'* est pris sur une horizontale de ce plan.

On rabat le plan avec le point sur le plan horizontal. La trace verticale vient en αP'₁ et le point *o, o'* en O₁. On trace de ce point sur le plan horizontal le cercle de rayon donné.

Soit EDFG. On relève le plan pour trouver les projections du cercle, qui sont des ellipses.

Les axes de la projection horizontale sont les projections du diamètre EF parallèle à αP, et, par suite, au plan horizontal, et du diamètre CD qui lui est perpendiculaire (n° **110**).

EF est le rabattement de l'horizontale *vo, v'o'* qui a servi à rabattre le plan; sa projection horizontale est donc *vo*. Les points *e* et *f* sont sur cette ligne et sur des perpendiculaires à αP menées par E et F; *ef* est le grand axe de l'ellipse.

Les projections horizontales des points C et D, seront sur la perpendiculaire CD à αP. Menons par C et D des parrallèles à αP; ce sont les rabattements des horizontales passant par ces points dans P'αP; il est facile d'en déterminer les projections

______

(1) Cours de géométrie théorique et pratique, par M. F. Girod.

horizontales, et par conséquent, les projections horizontales c'
et d des points C et D; cd est le petit axe de l'ellipse.

Les axes de la projection verticale, sont les projections du
diamètre parallèle au plan vertical et du diamètre qui est per-

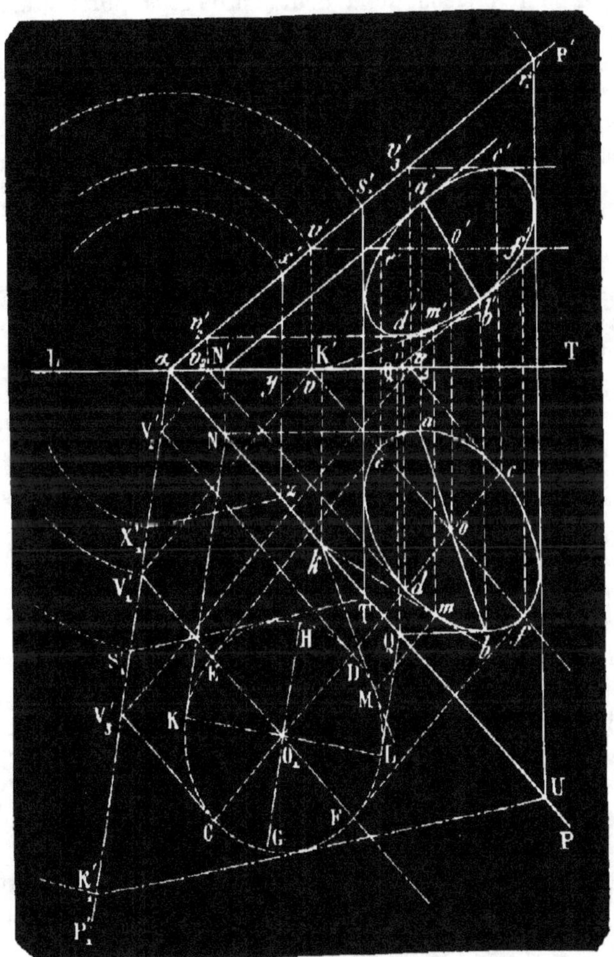

Fig. 97.

pendiculaire au premier. L'un est rabattu en HG parallèlement
à αP', et l'autre suivant KL perpendiculairement à HG. On
construit facilement les projections de ces diamètres en faisant
passer par leurs extrémités des horizontales, dont on cherche
les projections.

113. Remarque I. — Connaissant les axes de la projection horizontale et ceux de la projection verticale on peut construire ces projections par la méthode du n° 110.

114. Remarque II. — Menons une tangente au cercle O, par un point quelconque M, dont la projection horizontale est m. Cette tangente rencontre αP en k. Si on la relève, le point k ne bouge pas, M vient en m; la tangente est km en projection horizontale et K′m' en projection verticale. On peut tracer ainsi quelques tangentes, ce qui est avantageux pour construire la courbe par points.

115. Remarque III. — Si le plan n'est pas déterminé par ses traces, on mène par le point donné une horizontale et une ligne de front de ce plan ; on a ainsi les directions des grands axes sur les deux plans. Leur longueur étant égale au diamètre donné, ils sont déterminés. Les petits axes sont perpendiculaires aux grands axes et passent par les projections du point donné. On les limitera, en les rabattant parallèlement au plan horizontal ou au plan vertical au moyen du centre et d'un autre point où ils coupent une droite du plan donné.

116. Remarque IV. — Cherchons les points le plus haut et le plus bas des courbes obtenues en projections.

1° *Pour la projection horizontale.*

Il faut que les projections horizontales des tangentes soient parallèles à la ligne de terre, et par suite, que les tangentes au cercle soient parallèles au plan vertical. Ces droites seront des lignes de front du plan P′αP, et leurs projections verticales devront être parallèles à αP′. Sur le rabattement, elles seront parallèles à αP′$_1$. Soient KN, LQ. Ces droites auront pour projections Na, N′a', Qb, Q′b'. D'où $a.a'$ et b,b'. Les points a et b sont les points le plus haut et le plus bas de la projection horizontale. Il est facile de voir que aob, $a'o'b'$ sont des lignes droites; ce sont en effet les projections du diamètre KL.

2° *Pour la projection verticale.*

On cherche des tangentes au cercle qui soient horizontales. Les rabattements sont DV′$_2$, CV′$_3$ parallèles à αP. D'où c,c', d,d'. Les points c' et d' sont les points le plus haut et le plus bas. Les projections des lignes DV′$_2$, CV′$_3$ sont tangentes aux deux projections.

On peut encore se proposer de découvrir les tangentes communes aux deux courbes et perpendiculaires à la ligne de terre. Pour cela, on mène un plan de profil quelconque $x'yz$. On en rabat sur le plan horizontal l'intersection avec P'αP en zX'₁ et on mène au cercle des tangentes TS'₁ et UR'₁ parallèles à ce rabattement. On relève ces lignes et on a les tangentes cherchées Ts'₁ et Ur'₁.

CHAPITRE XIII.

APPLICATION DE LA MÉTHODE DES RABATTEMENTS AUX DISTANCES.

117. Problème I. — *Distance d'un point donné à l'une des faces d'un tétraèdre donné dont la base repose sur le plan horizontal.*

La solution de ce problème et des questions analogues repose sur la remarque suivante :

Pour trouver la distance d'un point A au plan P (fig. 98), on mène par ce point un plan R perpendiculaire à P qui coupe ce dernier suivant MN, et du point A on abaisse dans le plan R une perpendiculaire AB sur cette droite MN ; elle est perpendiculaire au plan P et mesure la distance cherchée d'après le théorème suivant :

Quand deux plans sont perpendiculaires l'un à l'autre, toute droite menée dans l'un d'eux, perpendiculairement à leur intersection, est perpendiculaire sur l'autre plan.

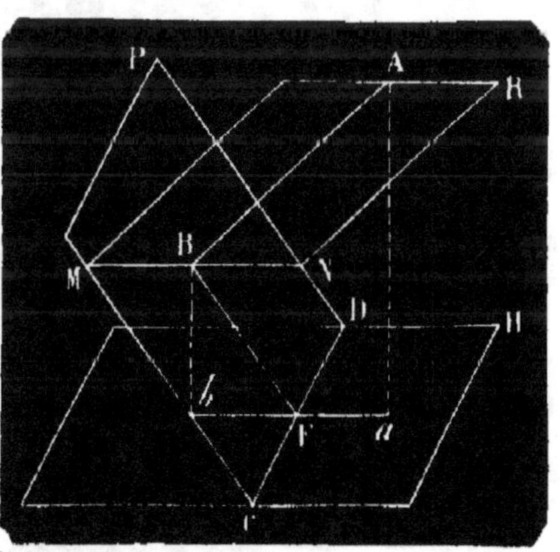

Fig. 98.

Mais il existe par le point A une infinité de plans perpendiculaires au plan P. Considérons parmi tous ces plans celui qui est en même temps perpendiculaire au plan horizontal H ; il a pour trace horizontale ab, projection de AB sur le plan H ; or cette projection est perpendiculaire à la trace horizontale CD du plan P (n° 93).

Donc pour trouver la distance d'un point A à un plan donné P, on mène par le point un plan ABba perpendiculaire à ce plan et au plan horizontal. Sa trace horizontale ab est perpendiculaire à la trace horizontale CD du plan P et passe par la projection horizontale *a* du point donné. Le plan perpendiculaire est par suite déterminé. On cherche son intersection BF avec le plan P, et du point A on abaisse une perpendiculaire AB sur cette intersection. C'est la distance cherchée. Cette dernière partie néces-

site un rabatte-ment de l'inter-section et du point A autour de la trace hori-zontale du plan auxiliaire, afin de pouvoir abaisser la per-pendiculaire. On en relève le pied et on a les projections de la distance.

118. Ceci posé, revenons à la question.

Le tétraèdre donné est *sabc*, *s'a'b'c'*; le point, *o,o'* (fig. 99). On cherche la distance de ce point à la face SAB par exemple.

Par le point *o,o'*, on mène un plan perpendiculaire à la fois au plan de la face et au plan

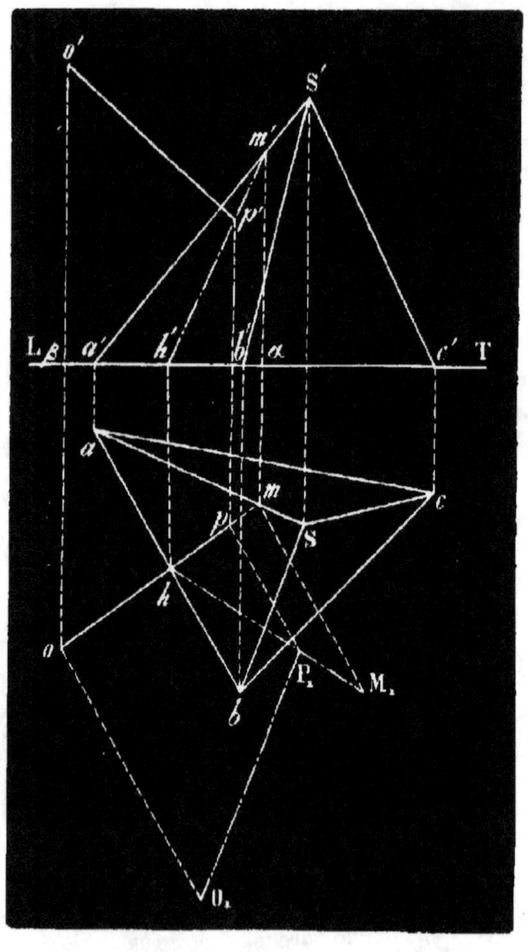

Fig. 99.

horizontal. Sa trace horizontale est une perpendiculaire *oh* menée par le point *o* à la droite *ab*; quant à sa trace verticale, dont nous n'avons pas besoin, ce serait une perpendiculaire à LT.

La projection horizontale de l'intersection de ce plan et du plan de la face est *hm*. Le point M a sa projection verticale en *m'* sur *s'a'*.

Rabattons cette intersection et le point *o,o'* autour de *oh* sur le plan horizontal. Le point *h* ne bouge pas, étant la trace horizontale de l'intersection ; le point M se rabat sur une perpendiculaire en m à oh, en un point M_1 tel que $M_1 m = m'\alpha$. L'intersection est donc hM_1. Le point o se rabat en O_1 sur la perpendiculaire en o à oh ; $oO_1 = o'\beta$.

De O_1, on abaisse sur hM_1 une perpendiculaire O_1P_1, qui donne la distance demandée. On relève le point P_1. La projection horizontale p est sur oh au pied de la perpendiculaire abaissée de P_1 sur cette ligne. p' est sur une perpendiculaire à LT à une distance de cette ligne égale à pP_1; p' se trouve aussi sur $h'm'$, projection verticale de l'intersection hM.

Les projections de la distance sont $o'p'$, op.

119. Remarque. — Le problème suivant se trouve en même temps résolu :

Étant donné un point p, p' *d'une face* SAB *d'une pyramide, trouver les projections de l'extrémité d'une perpendiculaire de longueur donnée* h *menée de ce point à la face.*

Du point p, on abaisse une perpendiculaire sur ab; c'est la trace horizontale d'un plan vertical perpendiculaire à la face. L'intersection de ce plan et de SAB, rabattue sur le plan horizontal, est hM_1; on a sur cette ligne le point P_1. En ce point, on élève une perpendiculaire sur laquelle on prend $P_1O_1 = h$; O_1 est le rabattement du point cherché. On le relève et on a o, o'.

DISTANCE DE DEUX PLANS PARALLÈLES.

120. Problème II. — Ce problème est basé sur le même principe que le précédent.

On mène un plan vertical perpendiculaire aux plans donnés; on rabat sur le plan horizontal les intersections qu'il détermine dans ces plans; la distance des intersections rabattues est la distance cherchée.

Les plans sont $P'\alpha P$, $Q'\beta Q$ (fig. 100). Le plan mené est $R'\alpha_1 R$; $\alpha_1 R$ est perpendiculaire sur αP et βQ; $\alpha_1 R'$ sur LT. Les intersections rabattues sont He' et $H_1e'_1$. On mène la perpendiculaire commune CD à ces deux lignes, et le problème est résolu.

121. Remarque I. — On a en même temps la solution du problème inverse : *Étant donné un plan* P'αP, *lui mener un plan parallèle à une distance donnée.*

$P'\alpha P$ est le plan donné (fig. 100). On mène comme tout à l'heure le plan $R'\alpha_1 R$. On rabat l'intersection de ces deux plans sur le plan horizontal; elle est rabattue en Hv'. En un point D de cette dernière ligne, on mène une perpendiculaire DC égale à la longueur donnée. Par l'extrémité c, on mène une parallèle à Hv'; elle coupe α_1R en H$_1$. On mène par H$_1$ une parallèle βQ à αP, et par β une parallèle βQ' à αP'; Q'βQ est le plan cherché.

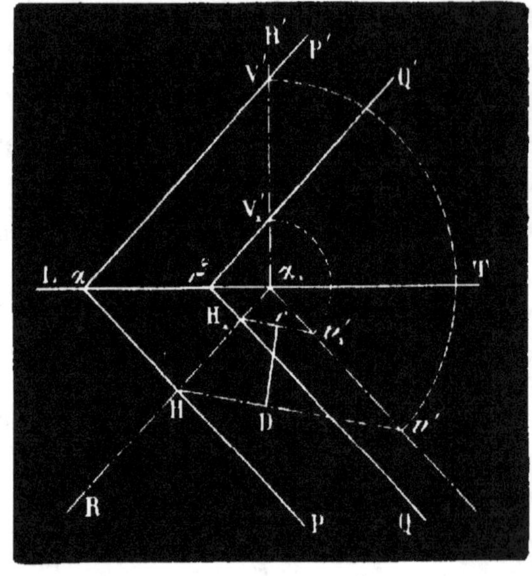

Fig. 101.

122. Remarque II. — On trouverait facilement ainsi la distance de deux faces opposées d'un parallélipipède.

CHAPITRE XIV.

APPLICATION DE LA MÉTHODE DES RABATTEMENTS A LA REPRÉSENTATION DES POLYÈDRES ET A LEUR INTERSECTION PAR DES PLANS.

123. Problème I. — *Construire les projections d'un prisme droit dont la base est dans un plan quelconque* (fig. 101).

On donne un plan P'αP. La base d'un prisme droit est dans ce plan; on se donne alors la projection horizontale de cette base, soit le triangle *abc*, et on détermine la projection verticale *a'b'c'* par des horizontales du plan menées par chaque sommet. On connaît en outre la hauteur du solide.

Le prisme étant droit, les projections des arêtes sont perpendiculaires aux traces de même nom du plan. On a donc les directions de ces projections; il s'agit de les limiter. Cherchons par exemple les projections de l'arête qui part de B.

Par ce point, on mène un plan perpendiculaire au plan horizontal et au plan donné. Sa trace horizontale passe par b, est perpendiculaire à αP, et sa trace verticale est perpendiculaire à LT. C'est $Q'vQ$. On cherche l'intersection de ce plan et du

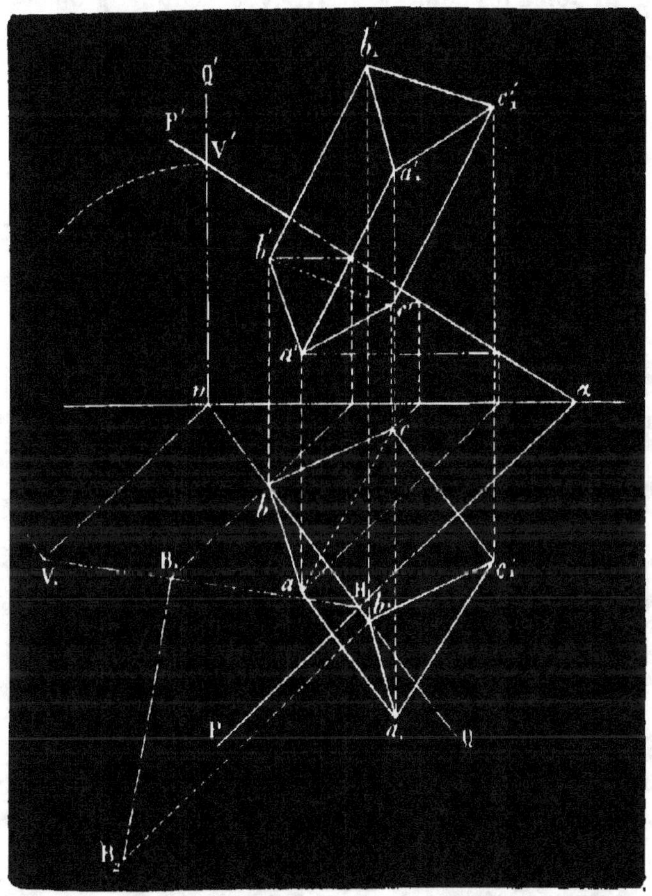

Fig. 101.

plan $P'\alpha P$, et on la rabat sur le plan horizontal en V_1H. On a simplement construit le triangle $V'vH$. Le point B appartient à cette intersection ; il se trouve en B_1 sur une perpendiculaire en b à la ligne vQ autour de laquelle on fait tourner, et sur le rabattement HV_1. Mais l'arête du point B qui est située dans le plan $Q'vQ$ et qui est perpendiculaire au plan $P'\alpha P$ est perpendiculaire à l'intersection, et se rabat alors suivant une perpendiculaire à V_1H. On élève donc en B_1, sur V_1H, la perpendiculaire B_1B_2 égale à la hauteur donnée ; le point B_2 est le rabattement du sommet supérieur correspondant au point B. La projection horizontale de ce point sera sur une perpendiculaire menée de

B_2 à vQ et sur vQ, soit en b_1; d'où b'_1 sur une perpendiculaire à LT et sur une perpendiculaire menée de b' à αP'.

Pour achever la projection horizontale, on mène de b_1 des parallèles à bc et ba jusqu'aux perpendiculaires abaissées de a et de c sur αP; on a les points a_1 et c_1, et par suite la projection horizontale $abc, a_1b_1c_1$ du prisme. La même construction sur le plan vertical donnera la projection verticale $a'b'c'$, $a'_1 b'_1 c'_1$ du solide.

Comme vérifications, les lignes $a_1a'_1$, $b_1b'_1$, $c_1c'_1$ doivent être perpendiculaires à la ligne de terre.

124. Problème II. — *Projeter un cube qui repose par une de ses faces sur un plan perpendiculaire au plan vertical de projection* (fig. 102). (*L'arête de ce cube est connue.*)

Soit le plan P'αP perpendiculaire au plan vertical. Si la face

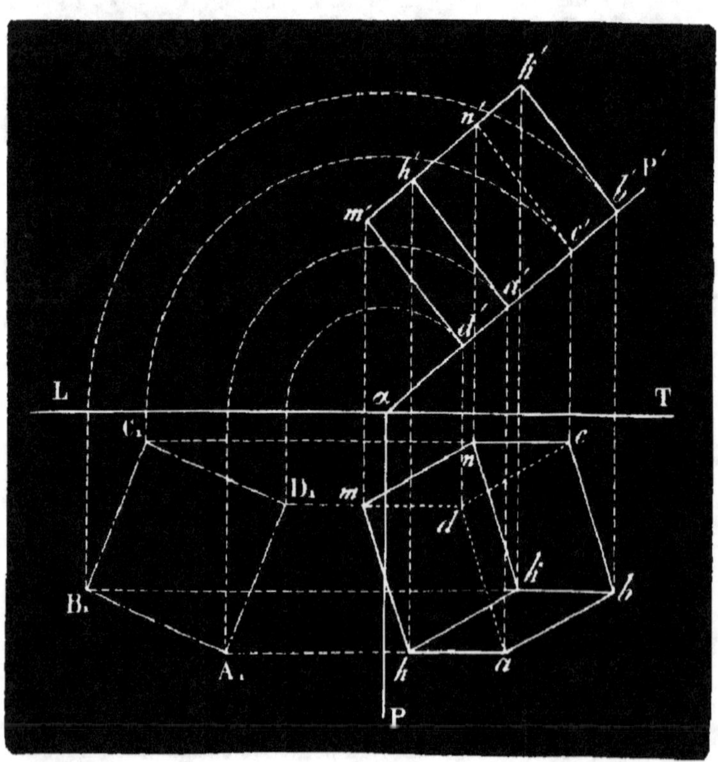

Fig. 102.

du cube qui repose sur lui était déterminée en projections, en faisant tourner le plan autour de αP pour le rabattre avec ce qu'il contient sur le plan horizontal, cette face se rabattrait en véritable grandeur sur le plan horizontal suivant un carré qui aurait pour côté l'arête donnée. Je construis alors sur le plan horizontal avec cette longueur le carré $A_1B_1C_1D_1$ que je regarde comme le rabattement de la face du cube située sur le plan. On en déduit de suite les projections de cette face en *abcd*, *a'b'c'd'* (n° 109).

Remarquons que *abcd* est un parallélogramme, parce que les projections de même nom de lignes parallèles sont parallèles.

Ce serait un losange si A_1C_1 était parallèle à αP. Les arètes du cube sont perpendiculaires an plan P'αP. Leurs projections sont perpendiculaires aux traces de même nom du plan. De plus, ces arètes sont parallèles au plan vertical; elles se projettent donc verticalement en véritable grandeur. On prend alors sur les perpendiculaires en *a'*, *b'*, *c'*, *d'* à αP' des longueurs égales à A_1B_1. La projection verticale est *d'm'h'n'c'k'b'c'a'*.

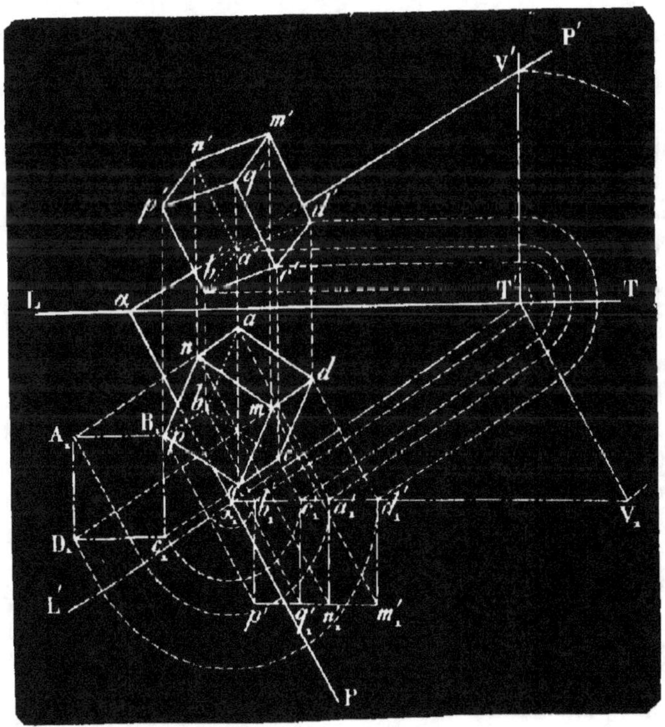

Fig. 103.

Les points qui sont projetés verticalement en *m'*, *h'*, *n'*, *k'* se projettent horizontalement en *m*, *h*, *n*, *k* sur des perpendiculaires à LT par ces points et sur des perpendiculaires à αP par *d*, *a*, *c*, *b*. La projection horizontale est *abcd*, *hknm*.

125. Problème III. — *Projeter un cube qui repose par une de ses faces sur un plan incliné d'une manière quelconque sur les plans de projection (fig. 103).*

On ramène au cas précédent par un changement de plan.— P'αP est le plan donné. — On mène une nouvelle ligne de terre L'T' perpendiculaire à αP, de manière à changer le plan vertical et à le rendre perpendiculaire au plan donné.

La trace horizontale est $\alpha_1\alpha$, et la trace verticale nouvelle $\alpha_1 V_1$ obtenue d'après les méthodes connues (on élève $T'V_1$ perpendiculaire à T'L' et on prend $T'V_1$ égale à T'V').

On construit alors l'épure de tout à l'heure par rapport à la ligne de terre L'T' et au plan $\alpha\alpha_1 V_1$; on en déduit la projection horizontale du cube qui est *abcd*, *mnpq*. Cherchons la projection verticale. Les projections verticales des sommets de la base ABCD sont sur des perpendiculaires à LT menées des points *a*, *b*, *c*, *d* et à des distances de cette ligne égales aux distances des points a'_1, b'_1, c'_1, d'_1 à L'T'. On a facilement ainsi *a'b'c'd'*. La figure indique la manière de porter ces distances.

Les arêtes sont perpendiculaires en projection verticale à αP' : d'où les directions de ces projections; par des lignes de rappel des points *mnpq*, on a les projections *m'*, *n'*, *p'*, *q'*. La projection verticale du solide est alors *a'b'c'd'*, *m'n'p'q'*. Comme vérification, les distances de *n'*, *m'*, *p'*, *q'*, à LT doivent être égales à celles de n'_1, m'_1, p'_1, q'_1, à L'T'.

126. Problème IV. — *Intersection d'une pyramide par un plan quelconque* (fig. 104).

Ce problème a été résolu au début de ces leçons en déterminant l'intersection du plan avec chacune des arêtes du polyèdre. Nous allons ici donner une nouvelle solution. On cherche l'intersection du plan avec chaque face du solide. Les lignes obtenues se coupent deux à deux sur les arêtes et forment le polygone demandé. *sabcd*, *s'a'b'c'd'* est la pyramide, P'αP le plan quelconque. Cherchons d'abord l'intersection de P'αP avec *sbc*. *bc* rencontre αP en un point *h* qui est la trace horizontale de cette intersection. Pour avoir un autre point, on mène un plan horizontal Q'V'; il coupe P'αP suivant l'horizontale Q'V', *vo*, et la face suivant *m'n'*, *mn*. Les projections horizontales des intersections se rencontrent en un point *o* qui est la projection horizontale d'un point de l'intersection; cette intersection est par suite *ho* en projection horizontale. On ne conserve de cette ligne prolongée que la partie *rp* comprise dans le triangle *sbc*. D'où *r'p'* sur *s'b'* et *s'c'*.

On cherche de même l'intersection de *sdc* et de P'αP. *dc* rencontre αP en h_1 qui est la trace horizontale de cette intersection. Comme *r'r*, appartient à l'intersection, $h_1 r$ est la projection horizontale; on n'en conserve que la portion *rq* comprise dans le triangle *sdc*. D'où *r'q'*.

Si les points *h* et h_1 ne s'obtenaient pas directement, il

faudrait couper par deux plans auxiliaires qui donneraient deux
points de l'intersection.

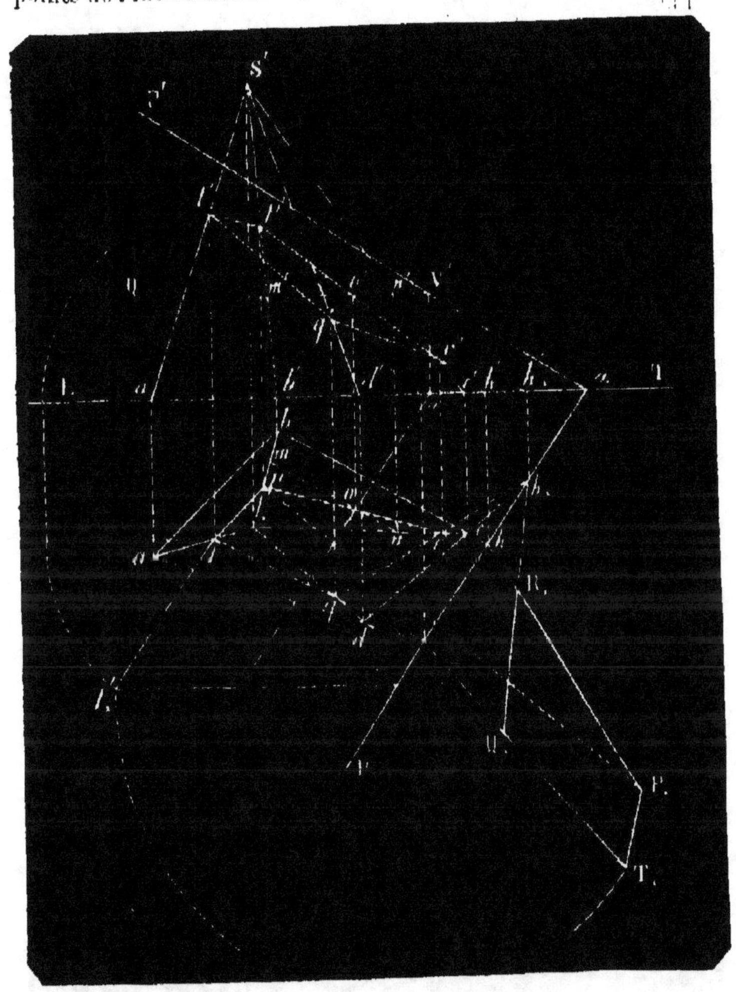

Fig. 104.

On continue ainsi de proche en proche et on a le polygone
rptq. D'où *r'p't'q'*.

On détermine la vraie grandeur de l'intersection par un rabattement *sur le plan horizontal* (nᵒ 99).

127. Problème V. — *Déterminer la section droite d'un prisme
oblique, la vraie grandeur de la section et le développement de la surface latérale.*

Le prisme donné est *abc a'b'c'*, *a'b'c'a'*, *b'₁c'₁* (fig. 105).

La trace horizontale αP du plan P'αP qui détermine la section droite est perpendiculaire aux projections horizontales des arêtes ; la trace verticale αP′ est perpendiculaire à leurs projections verticales (n° 93).

Déterminons l'intersection par la méthode du n° 126.

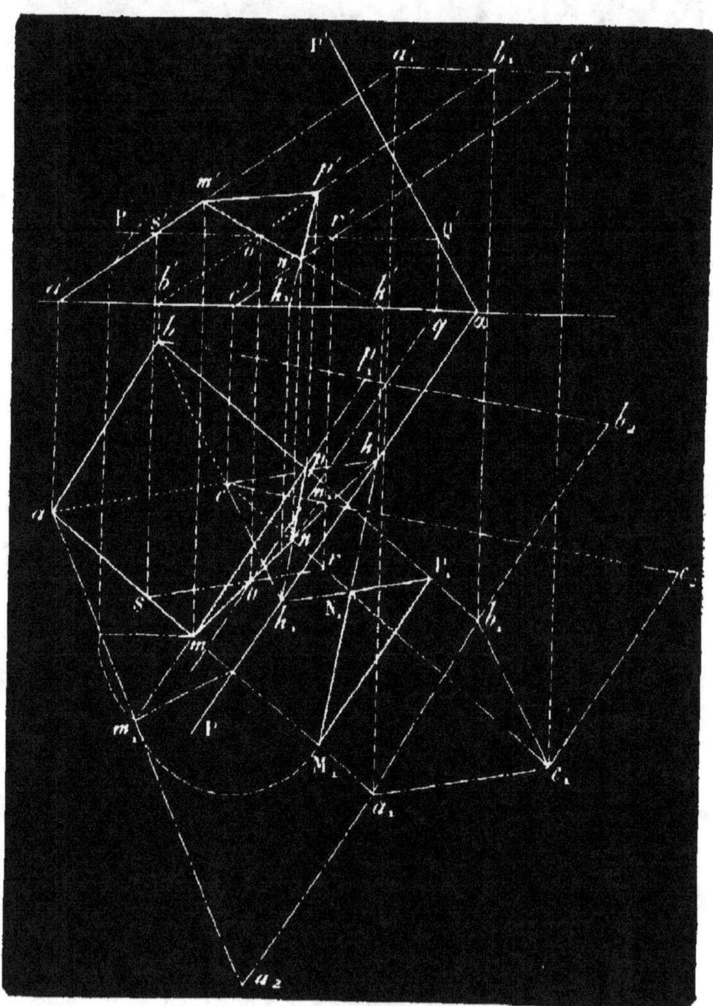

Fig. 105.

Le plan horizontal P′Q′ coupe P′αP suivant l'horizontale P′Q′, qo et la face acc₁a₁, a′c′c′₁a′₁ suivant la droite rs, r′s′. Ces lignes se rencontrent en oo′; la trace horizontale de cette face rencontre αP en h, h′; l'intersection de la face et du plan est donc ho, h′o′. Cette droite coupe les arêtes en n, n′ et m, m′.

La trace horizontale de la face bcc₁b₁, b′c′c′₁b′₁ coupe αP en h₁, h′₁; menons alors la ligne h′₁n′₁, h′₁n′₁; elle rencontre l'arête bb₁, b′b′₁, en un point p, p′.

Joignons maintenant m, m' à p, p'; l'intersection du prisme et du plan est mnp, $m'n'p'$.

Vraie grandeur. — Rabattons le plan P'αP sur le plan horizontal. Cherchons d'abord le rabattement du point m, m'; on l'obtient en M_1 (n° 99).

La ligne hm, $h'm'$ prend la position hM_1; le point n, n' se trouve sur cette droite et sur la perpendiculaire abaissée de n sur αP; il est donc en N_1; par suite la ligne h_1n, $h'_1n'_1$ vient en h_1N_1, ce qui donne en même temps le point P_1 rabattement de p, p'.

La vraie grandeur de l'intersection est $M_1N_1P_1$.

Développement. — Ouvrons le prisme suivant l'arête cc_1, $c'c'_1$, et faisons tourner toutes les faces de manière à les amener dans

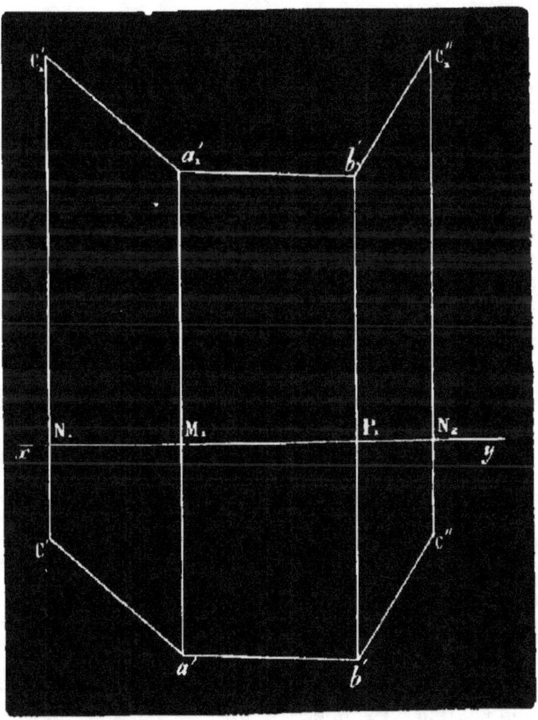

Fig. 106.

un même plan; leurs arêtes restent parallèles; les côtés de la section droite $M_1N_1P_1$ restent perpendiculaires à ces lignes et se développent en ligne droite.

Portons donc sur une ligne indéfinie xy (figure 106 des longueurs N_1M_1, M_1P_1, P_1N_2 respectivement égales à N_1M_1, M_1P_1, P_1N_1 (fig. 105); élevons des perpendiculaires sur xy aux points N_1, M_1, P_1 et N_2; ce sont les directions des arêtes sur le développement. Il faut avoir ces arêtes en vraie grandeur. Considérons bb_1, $b'b'_1$; on rabat le plan qui la projette horizontalement (n° 52), elle prend la position bb_2; le point p, p' vient en p_1, de sorte que bb_2 est la vraie grandeur de bb_1, $b'b'_1$ et bp_1 la vraie grandeur de bp, $b'p'$. On en fait autant pour les autres arêtes, comme l'indique la figure 105.

Alors (fig. 106) on fait successivement :

$$N_1c' = n_1c, \qquad N_1c'_1 = n_1c_2.$$
$$M_1a' = m_1a, \qquad M_2a'_1 = m_1a_2.$$
$$P_1b' = p_1b, \qquad P_1b'_1 = p_2b_1.$$
$$N_2c'' = n_1c, \qquad N_2c''_1 = n_1c_2.$$

On joint les extrémités de ces lignes, et l'on a le développement du prisme.

Il est bon de remarquer que les quadrilatères (fig. 106) $c'a'a'_1c'_1$, $a'b'b'_1a'_1$, etc., sont des parallélogrammes.

PROBLÈMES SUR LES CHAPITRES XII, XIII ET XIV.

87. Étant donné un plan dont la trace verticale fait un angle de 30 avec la ligne de terre et dont la partie visible de la trace horizontale fait un angle de 15° avec la trace verticale, trouver les projections du cercle satisfaisant aux conditions suivantes :

1° Le plan du cercle est parallèle au plan donné et situé à $9^m,6$ au dessus de lui ;

2° Le centre du cercle est à $15^m,9$ en avant du plan vertical et à 18^m au-dessus du plan horizontal ;

3° Le côté du pentagone régulier inscrit dans le cercle est égal à $6^m,3$.   *(Diplôme de Bordeaux, année 1873.)*

88. Un prisme ayant pour base un triangle situé dans le plan horizontal et dont les côtés ont respectivement pour longueurs $0^m,013$, $0^m,026$ et $0^m,031$ à ses arêtes latérales parallèles au plan vertical et inclinées à 45° sur le plan horizontal. Ces arêtes ont pour longueur $0^m,108$. On demande : 1° de tracer les projections du prisme; 2° de placer sur ce prisme un triangle ayant pour sommet le sommet supérieur du prisme opposé à la face moyenne. Les côtés adjacents sont $0^m,021$ et $0^m,035$. Calculer à l'aide des tables la surface de la base du prisme et le volume du solide.   *(Diplôme, Bordeaux.)*

Solution.—Une fois les projections du solide tracées, ce qui n'offre pas de difficultés, rabattre les faces qui contiennent le sommet supérieur autour de leurs traces horizontales. On pourra sur ces rabattements mettre les sommets du triangle, et facilement trouver les projections ensuite.

89. Une pyramide SABC a pour base un triangle ABC appliqué sur la partie antérieure du plan horizontal. L'arête AB est parallèle à LT et le sommet C est en avant de AB. On donne en millièmes AB = AC = 116; BC = 147; SA = SB = SC = 104. Cela posé, on demande de construire : 1° les projections de la pyramide; 2° les projections de la section faite par un plan perpendiculaire à l'arête SA mené par le point de cette arête situé au quart de sa longueur à partir du sommet S

3° les projections des points situés sur l'arête SA, d'où l'on voit l'arête BC sous un angle droit.   (*Saint-Cyr*, 1872.)

Solution. — 1° Rabattre l'une des faces autour de sa trace horizontale, et de ce rabattement déduire la hauteur; 2° sur le rabattement de SA, prendre à partir du sommet le quart de cette ligne. Déterminer les projections du point obtenu, et mener par ce point un plan perpendiculaire à *sa, s'a'*; 3° se servir du rabattement déjà fait et d'un cercle décrit sur BC comme diamètre.

90. Un cube a une arête sur la ligne de terre et touche chacun par une face le plan horizontal et le plan vertical; on le projette sur un plan dont les traces font des angles de 45° avec la ligne de terre. Construire le rabattement du plan avec la projection qu'il contient.
                    (*École navale*, 1861.)

91. On donne dans le plan horizontal un hexagone régulier de cinq centimètres de côté, dont une grande diagonale est parallèle à la ligne de terre. On le déplace en le faisant tourner de 60° autour de l'un des côtés adjacents à cette diagonale. Construire les nouvelles projections et comparer les aires à l'aire de l'hexagone régulier en s'aidant du tracé graphique.   (*Concours académique de Rouen*, 1874.)

92. On demande de dessiner les projections d'une pyramide hexagonale régulière reposant sur un plan perpendiculaire au plan vertical, de manière qu'une arête coïncide avec la trace horizontale du plan.
                    (*Diplôme, Paris*, 1876.)

93. On demande la projection d'un cube posé sur un plan perpendiculaire au plan vertical et ayant une arête parallèle à la trace horizontale de ce plan.   (*Diplôme, Paris*, 1876.)

94. Un tétraèdre régulier a sa base dans un plan perpendiculaire au plan vertical et incliné de 30° sur le plan horizontal. Une des arêtes de la base est parallèle à la trace horizontale du plan et en est distante de 0^m,05. La longueur de l'arête est 6 centimètres. Trouver les projections du tétraèdre et les traces des faces sur le plan horizontal.

CHAPITE XV.

INTERSECTION DE DEUX POLYÈDRES DONNÉS.

128. Le principe de la méthode à suivre est si nettement exprimé dans la *Géométrie descriptive* d'Amiot et Chevillard que nous en extrayons les quelques lignes suivantes :

« Soient A et A' deux faces quelconques des polyèdres P et P'; je commence par construire les projections de l'intersection des deux plans A et A'. Si cette droite n'a pas de point qui soit commun aux deux faces A et A', ces faces ne se rencontrent pas; il faut alors chercher l'intersection de la face A du polyèdre P et d'une autre face B' du polyèdre P'. Au contraire, si une portion quelconque *ab* de l'intersection des plans A et A' est comprise à la fois dans les faces A et A', celles-ci se coupent suivant ce segment de droite, qui est un côté de l'intersection des deux polyèdres.

« Pour construire le côté suivant, qui part du sommet b, il faut remarquer que l'extrémité b de ab se trouve simultanément, par exemple, sur la face A et sur un côté $\alpha'\beta'$ de la face A$'_1$, de sorte que la droite cherchée est l'intersection de la face A du polyèdre P et de la face B′ du polyèdre P′, adjacente à A′, par l'arête $\alpha'\beta'$. Par conséquent, je tracerai les projections de cette droite, dont le point b est déjà connu, et je ne prendrai sur cette ligne que la partie commune aux deux faces A et B′, ce qui déterminera les projections d'un second côté bc de l'intersection des polyèdres.

« En continuant ainsi, je construirai les projections du troisième côté cd et des côtés suivants, jusqu'à ce que je revienne au premier sommet a ; car l'intersection de deux polyèdres qui ont des dimensions finies est une ligne polygonale fermée, ou bien elle est composée de deux lignes de ce genre, selon qu'il y a pénétration partielle ou totale de l'un des polyèdres dans l'autre.

« En développant sur un plan les surfaces des deux polyèdres et traçant sur chacun des développements les côtés de leur intersection, on forme deux lignes polygonales qu'on appelle les *transformées* de la ligne d'intersection. Si l'on détache de chaque surface les parties circonscrites par ces transformées, les parties restantes composent la surface totale du corps formé par le système des deux polyèdres qui se coupent, de sorte qu'en les ajustant entre elles on reproduirait la surface de ce corps. »

Les intersections de plans exigent l'emploi de plans auxiliaires qu'il convient de choisir habilement. Exemples : s'il s'agit de deux pyramides, les plans auxiliaires passeront par la droite qui joint les sommets de deux corps ; s'il s'agit d'un prisme et d'une pyramide, les plans auxiliaires passeront par la droite menée du sommet de la pyramide parallèlement aux arêtes du prisme ; si l'on a deux prismes, les plans seront parallèles à la fois aux deux arêtes.

129. Problème. — *Intersection d'un prisme et d'une pyramide* (fig. 107).

La pyramide a sa base $abcde$ sur le plan horizontal ; son sommet est projeté horizontalement sur la perpendiculaire abaissée du point e sur LT et sur ad supposé parallèle à LT. La pyramide est alors $sabcde$, $s'a'b'c'd'e'$.

Le prisme a sa base mnp sur le plan horizontal ; les projections horizontales des arêtes sont parallèles à ad et les projections verticales sont telles que la parallèle à ces lignes menée par s' rencontre la ligne de terre dans les limites de l'épure. Le prisme est $mn_1mm_1pp_1$, $n'n'_1m'm'_1p'p'_1$. Nous plaçons ainsi les

solides dans un cas particulier, afin de simplifier les constructions; mais le raisonnement resterait le même, les deux solides
étant disposés d'une manière quelconque.

Les plans sécants, d'après ce qui a été dit, passent par le
sommet s, s' et parallèlement aux arêtes du prisme; ils sont menés par la ligne $s'k'$, sk, dont la trace horizontale est en k. Les

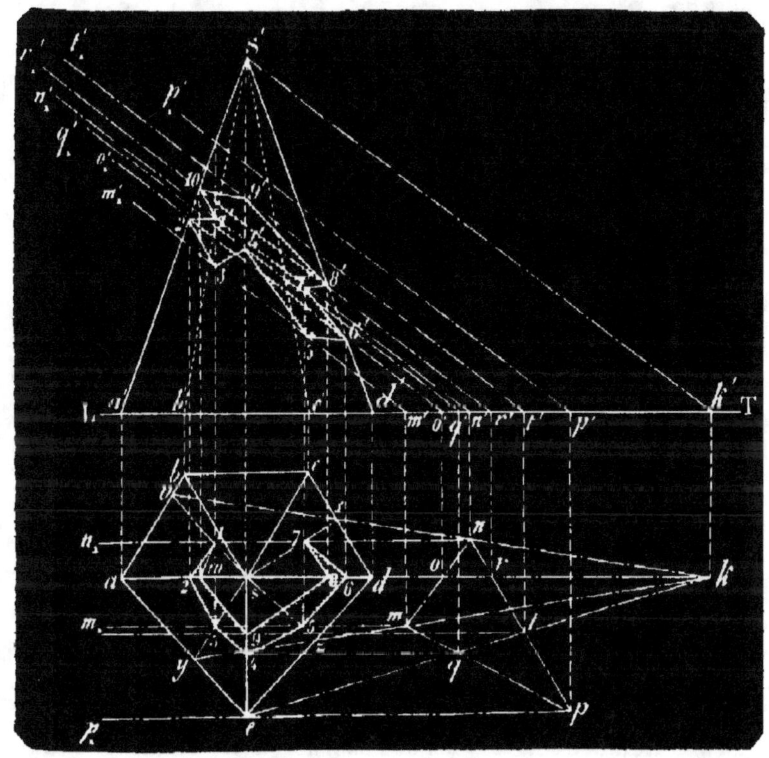

Fig. 107.

traces horizontales de ces plans devront alors toutes passer par
le point k. Nous n'avons indiqué ici que les traces horizontales,
les traces verticales n'étant pas nécessaires.

Il est facile de voir que les seuls plans dont les traces horizontales seront situées entre $knxv$ et $ktqe$ donneront des lignes
d'intersection; ceux dont les traces seraient en dehors ne ren-
contreraient évidemment qu'un des solides. Les plans kv et ke
sont appelés plans limites. Ceci posé, cherchons à appliquer la
méthode générale exposée plus haut.

1° On cherche l'intersection de la face mnm_1n_1 du prisme avec
la face sab de la pyramide. Le premier plan $knxv$ coupe le
prisme suivant nn_1, $n'n'_1$, la pyramide suivant une arête projetée horizontalement en se. Les projections horizontales des in-

tersections se rencontrent en 1 ; d'où 1'. Le second plan *kda* rencontre la face *sab* suivant *sa* , *s'a'* et la face *mnm₁n₁* suivant une arête projetée verticalement en *o'o'₁* ; *s'a'* et *o'o'₁* se rencontrent en 2' ; d'où un second point 22' commun aux deux faces. *mnm₁n₁* rencontre *sab* suivant 12 , 1'2'.

2° On cherche l'intersection de la même face *mnm₁n₁* du prisme avec la face *sae* suivante de la pyramide. On en a déjà un point 22'. Pour en avoir un second, on coupe par le plan *kmy*. Il coupe le prime suivant *mm¹* , *m'm'₁* et la face de la pyramide suivant une arête projetée horizontalement en *sy* ; *sy* et *mm₁* se rencontrent en 3; d'où 3 3'. *mnm₁n₁* rencontrent *sae* suivant 23 , 2'3'. Il n'y a évidemment que cette partie-là commune à la fois à ces deux faces des solides.

3° La face *sae* est rencontrée par la face suivante du prisme *mpm₁p₁*. On a déjà le point 33'. Le plan limite *kqe* donne le point 44' par les mêmes raisonnements. D'où la droite 33' , 44'.

4° La face *mpm₁p₁* du prisme rencontre la face *sde* suivante de la pyramide. On a déjà le point 44'. Le plan mené *kmZ* donne 55'₁ ; d'où 44' , 55'.

5° La même face *sde* de la pyramide rencontre la face *mnm₁n₁* du prisme suivant 56 , 5'6'. (Nous ne faisons plus qu'indiquer les résultats, laissant au lecteur le soin de compléter).

6° La face *mnm₁n₁* rencontre les faces *sed* suivant 67 , 6'7'.

7° La même face *sed* de la pyramide rencontre *npn₁p₁* suivant 78 , 7'8'.

8° La face *npn₁p₁* rencontre *sde* suivant 89 , 8'9'.

9° La face *npn₁p₁* rencontre aussi *sae* suivant 910 , 9'10'.

10° La face *npm₁p₁* rencontre *sab* suivant 101 , 10'1'.

Le polygone d'intersection est alors 12345678910 1 , 1'2'3'4'5'6'7'8'9'10'1'.

130. Remarque. — Nous nous bornerons à cet exemple, suffisant pour faire comprendre la marche générale. Les intersections des corps ronds serviront à compléter ces indications.

La recherche de l'ombre portée d'un polyèdre sur un autre polyèdre n'est qu'un cas particulier de ce genre de questions.

PROBLÈMES SUR LE CHAPITRE XV.

95. Intersection de deux prismes ; les bases sont dans le plan horizontal, et l'un d'eux est droit. Chercher la transformée de l'intersection.

(Les plans auxiliaires seront verticaux et leurs traces horizontales parallèles aux projections horizontales du prisme oblique.

Pour la transformée, on développera le prisme droit.

96. *Exemple d'intersection de deux pyramides.* — On donne un tronc de pyramide renversée, dont la base supérieure, reposant sur le plan horizontal, est un hexagone régulier; la base inférieure est un hexagone

semblable, situé dans un plan horizontal inférieur. Un point lumineux o, o' est donné. Le rayon lumineux glissant sur le contour de la base supérieure engendre une pyramide, et c'est l'intersection de cette pyramide avec la pyramide primitive que l'on demande de déterminer.

(L'intersection est ce qu'on nomme l'ombre portée dans un trou de loup éclairé par un point lumineux. En termes de fortifications, ce sont des puits ayant la forme d'un tronc de cône ou d'un tronc de pyramide, dont la grande base est sur le sol et la petite base au-dessous. On emploie des plans auxiliaires passant par la ligne qui joint le point lumineux au sommet de la pyramide primitive.)

97. Projections d'un tétraèdre dont la base est dans un plan perpendiculaire au plan vertical et incliné d'un angle donné sur le plan horizontal.

CHAPITRE XVI.

ANGLE DES DROITES ET DES PLANS.

1° — ANGLE DE DEUX DROITES.

131. *Trouver l'angle de deux droites quelconques données par leurs projections* (fig. 108).

Nous supposons que les deux droites se coupent. S'il en était autrement, en menant par un point de l'espace des parallèles aux deux droites, on rentrerait dans le cas que nous allons examiner.

On fait passer un plan par les deux droites, puis on rabat ce plan autour de sa trace horizontale sur le plan horizontal avec les deux droites qu'il contient. L'angle des

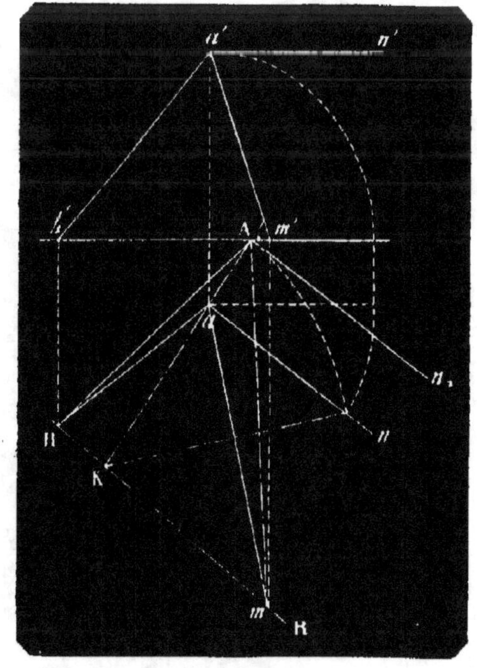

Fig. 108.

deux lignes rabattues est l'angle cherché.

Il est préférable de faire tourner ces deux droites autour

d'une horizontale de leur plan, quand les traces ne se trouvent pas dans l'épure.

Les droites sont donc aH, $a'h'$; aH_1, $a'h'_1$.

La trace horizontale de leur plan est HH_1. On fait tourner les deux droites autour de cette ligne pour les rabattre sur le plan horizontal. H et H_1 donnent un point du rabattement de chacune d'elles. Cherchons le rabattement de a, a'. A_1 est toujours sur la perpendiculaire aK à HH_1 et à une distance KA_1 égale à l'hypoténuse d'un triangle rectangle dont $a't'$ et aK sont les côtés de l'angle droit; on a donc A_1, puis A_1H et A_1H_1 pour les rabattements des deux lignes. L'angle cherché est HA_1H_1.

132. Remarque. — Proposons-nous de trouver les projections de la bissectrice de cet angle. On mène la bissectrice A_1m de l'angle HA_1H_1. On la relève. Le point m ne bouge pas et A_1 vient en a; am est la projection horizontale. Le point M se projette verticalement en m' sur la ligne de terre; la projection verticale est $a'm'$. am, $a'm'$ sont les projections cherchées.

133. Cas particulier. — 1° *L'une des droites est horizontale* (fig. 109).

Les droites sont $a'h'$, Ha; $a'n'$, an. Je suppose qu'on ait la trace H de la première droite; si on ne l'a pas, on peut mener une parallèle à cette droite par un point de l'horizontale, de façon à avoir la trace, et on cherche l'angle de l'horizontale et de cette parallèle.

La trace horizontale du plan des droites sera parallèle à an, puisque $a'n'$, an est une horizontale. Elle passera par H. On l'obtient donc facilement;

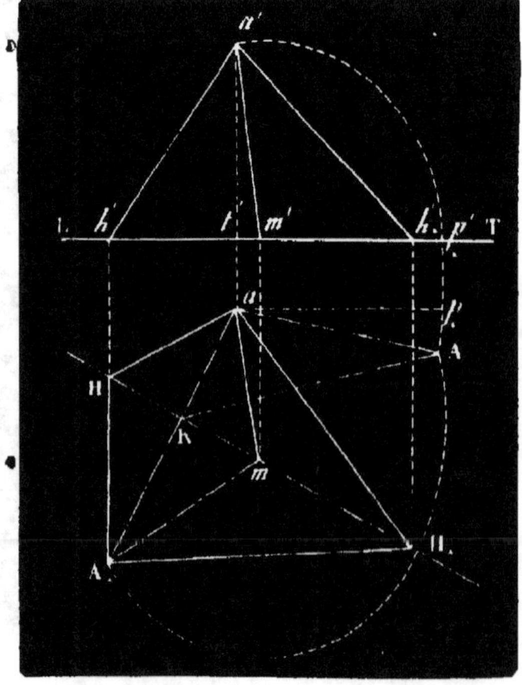

Fig. 109.

soit HR. On fait tourner la figure autour de cette ligne.

A se rabat encore en A_1. H ne bouge pas. A_1H est le rabatte-

ment de $a'b'$, aH. L'autre droite se rabat suivant une parallèle A_1n_1 à HR. L'angle est HA_1n_1. On obtient encore comme
tout à l'heure les projections de la bissectrice de cet angle.

134. *2° L'une des droites est parallèle au plan horizontal, l'autre
au plan vertical.*

Même construction que plus haut.

135. Remarque. — Si les droites étaient toutes deux horizontales ou toutes deux parallèles au plan vertical, il n'y aurait
aucune construction à faire. L'angle des projections horizontales dans le premier cas et des projections verticales dans le second serait l'angle cherché.

De là une nouvelle méthode.

*Faire tourner le plan des droites autour d'une horizontale ou
d'une ligne de front de manière à le rendre parallèle à l'un des plans de
projection.*

136. *3° Angle d'une droite avec la ligne de terre* (fig. 110). —
La droite est $a'b'$, ab,
Sa trace horizontale est a.
Par a, menons une parallèle
ah à la ligne de terre; nous
serons ramenés à trouver
l'angle de cette parallèle
avec ab, $a'b'$. Or le plan des
deux droites a précisément
pour trace horizontale ah.
Faisons tourner autour de
cette ligne; ab, $a'b'$ devien-
dra aB_1, ah ne bougera pas.
L'angle sera haB_1.

**137. Application du
probleme I** (n° 131). —
*Par un point donné, me-
ner une droite qui rencontre
une droite donnée sous un
angle donné.*

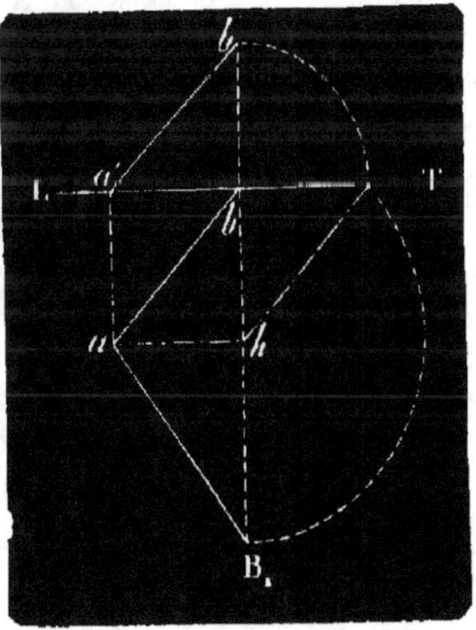

Fig. 110.

On fait passer un plan par le point et la droite. On rabat ce
plan autour de la trace horizontale avec ce qu'il contient. On a
le rabattement du point et de la droite. Par le rabattement du
point, on mène une droite qui fasse avec le rabattement de la ligne donnée l'angle donné. On relève ensuite le plan et cette dernière droite. Le problème est résolu.

138. Remarque. — On résoudrait de même le problème
suivant, qui n'est qu'un cas particulier de celui-ci:

*Abaisser d'un point donné une perpendiculaire sur une droite don-
née.*

Ce problème a une autre solution n° 96.

2° — ANGLE DE DEUX PLANS.

139. Problème. — *Construire l'angle formé par deux plans.*

On pourrait ramener ce problème au précédent. Si l'on abaisse d'un point de l'espace une perpendiculaire sur chacun des plans, l'angle de ces deux lignes est le supplément de l'angle cherché.

Mais il est bon de connaître une méthode directe de ce problème.

Faisons d'abord, pour l'exposer, la figure en perspective (fig. 111). P'αP et Q'βQ sont les plans; V'H est leur intersection, *v*H la projection horizontale de cette intersection.

Par le point *o* de cette intersection, on lui mène un plan perpendiculaire. Il coupe le plan horizontal suivant *mn*, les plans P'αP, Q'βQ suivant *om* et *on* et le plan projetant V'*v*H suivant *op*.

Ceci posé, remarquons :

1° Que l'intersection V'H, étant perpendiculaire au plan *mon*, l'est aux droites *om*, *op* et *on* et que *mon* est l'angle cherché;

2° Que *mn* est perpendiculaire à *v*H, parce

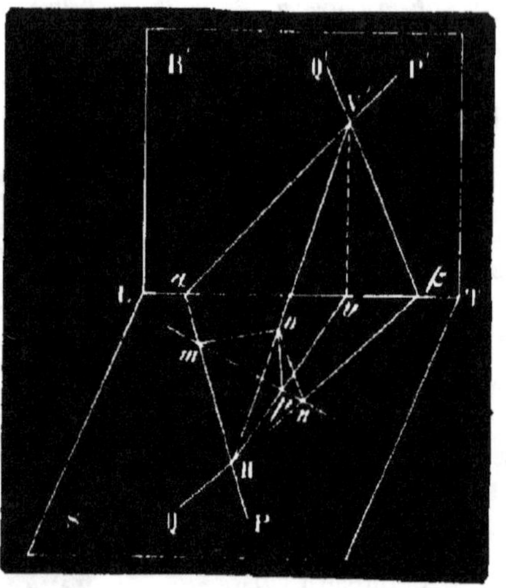

Fig. 111.

que, quand une droite est perpendiculaire à un plan, la trace horizontale de celui-ci est perpendiculaire à la projection horizontale de celle-là;

3° Que *op* est perpendiculaire à *mn*. En effet, les plans V'*v*H et le plan horizontal sont perpendiculaires l'un à l'autre; *mn*, droite du deuxième plan, est perpendiculaire à *v*H, leur intersection ; elle doit donc être perpendiculaire au premier plan et par suite à *po* qui passe par son pied dans le plan.

Quand deux plans sont perpendiculaires, toute droite de l'un d'eux perpendiculaire à l'intersection est perpendiculaire à l'autre.

De là on déduit la figure 112. P'αP et Q'βQ sont les plans *v*H est la projection horizontale de leur intersection. On mène un plan perpendiculaire à l'intersection. *mn* perpendiculaire à *v*H est la trace horizontale de ce plan d'après la deuxième remarque.

Il s'agit d'avoir le point *o*. Or, d'après la troisième remarque, *oy* est perpendiculaire à *mn* au point *p*, rencontre de *mn* et de *v*H.

Par conséquent, si l'on rabat le plan *mon* autour de *mn*, la droite *po* prendra la direction *vH*.

Il ne reste plus qu'à trouver la distance *po*. D'après la première

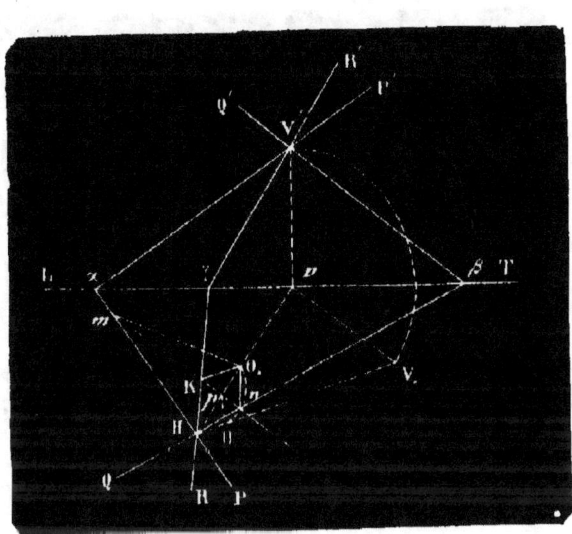

Fig. 112.

remarque, elle est égale à la longueur de la perpendiculaire abaissée du point *p* sur V'H. On rabat alors l'intersection des deux plans sur le plan horizontal. On construit le triangle V'*v*H. On l'a en V₁*v*H. De *p*, on abaisse sur V₁H une perpendiculaire *p*O qui est la longueur cherchée. On porte *p*O en *p*O₁ sur H*v*. L'angle est *m*O₁*n*.

140. Remarque. — Proposons-nous de trouver le plan bissecteur du dièdre de ces deux plans. Il contiendra évidemment la bissectrice de l'angle que nous venons d'obtenir. Soit O₁K cette bissectrice. Le point K où elle coupe *mn* est un point de la trace horizontale du plan Le point H en est un autre. La trace horizontale est dès lors KH. Elle rencontre en γ la ligne de terre; d'où un point de la trace verticale; V' en est un autre Cette trace est γR'. Le plan est RγR'.

141. Cas particulier. — 1° *Les traces des plans donnés ne se rencontrent pas dans les limites de l'épure.*

On mène des plans parallèles aux premiers de façon à ce qu'ils soient dans la position du cas général.

142. 2° *Les traces se rencontrent en un point de la ligne de terre.*

On emploie la méthode générale (n° 139).

143. 3° *Les traces horizontales sont parallèles* (fig. 113).

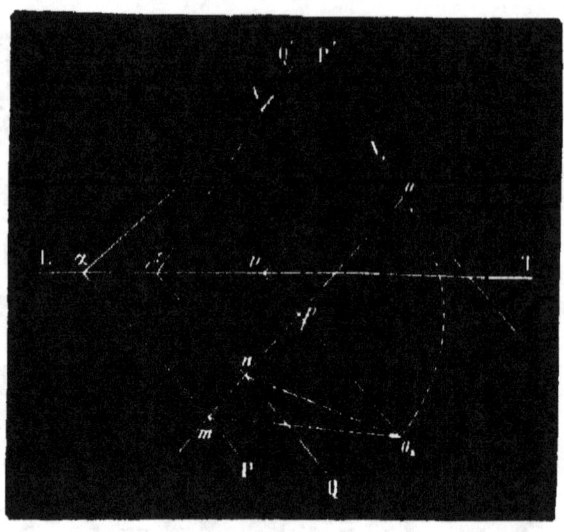

Fig. 113.

Nous mettons les mêmes lettres que dans la figure 112.
P′αP, Q′βQ sont les plans donnés.

La projection horizontale de l'intersection est vp ; mnp est la trace horizontale du plan mené par un point de l'intersection perpendiculairement à cette droite. On rabat l'intersection.

V₁ est le rabattement de V′; il faut le joindre au point de rencontre des traces horizontales, c'est-à-dire mener par V₁ une parallèle à αP. po est la distance de p à cette intersection; on la porte en po_1, et l'angle est mo_1m.

On aurait de même que tout à l'heure les traces du plan bissecteur.

144. 4° *Les deux plans sont parallèles à la ligne de terre* (fig. 114).

On coupe les plans par un plan perpendiculaire à la ligne

de terre. Les intersections font entre elles l'angle cherché.

Tout revient alors à rabattre ces intersections sur le plan horizontal (n° 84). L'angle de ces rabattements est l'angle cherché. On suivra facilement l'épure suivante :

145. Applications. — 1° *Par une droite donnée dans un plan, mener un plan qui fasse avec le premier un angle donné* (fig. 115).

Soit P'αP le plan donné ; V'H la droite donnée située dans le plan.

Sur *v*H on mène la perpendiculaire *pm* qui est la trace horizontale d'un plan mené perpen-

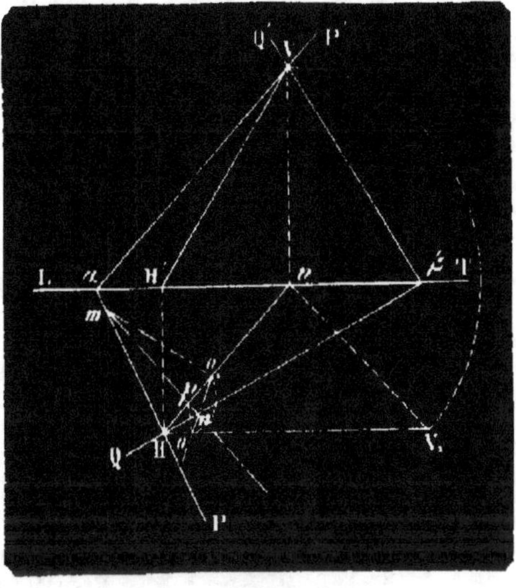

Fig. 115.

diculairement à l'intersection par un point O de cette ligne. Ce point est sur *v*H, à la distance $po_1 = pO$ obtenue comme dans le cas de l'angle de deux plans quelconques. Avec mo_1, on fait un angle mo_1n égal à l'angle donné. Le point *n* est un point de la trace horizontale du plan ; H en est un autre. D'où H*n*β et, par suite, βV' les deux traces du plan, qui est alors HβV'.

146. 2° *Angle d'un plan avec les plans de projection.*

1° *Le plan est perpendiculaire au plan horizontal ; il faut trouver l'angle qu'il fait avec le plan vertical* (fig. 116).

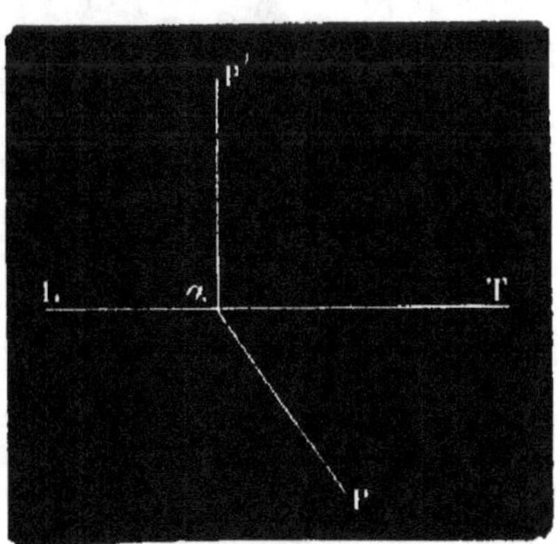

Fig. 116.

Son intersection avec le plan vertical est αP' ; αT et αP sont deux lignes perpendiculaires à αP', l'une dans le plan vertical, l'autre dans le plan donné. P'αT est donc l'angle plan correspondant du dièdre. *Quand un plan est perpendiculaire au plan horizon-*

tal de projection, *l'angle qu'il fait avec le plan vertical est égal à l'angle de sa trace horizontale et de la ligne de terre.*

De même, *si un plan est perpendiculaire au plan vertical, l'angle qu'il fait avec le plan horizontal est mesuré par l'angle de sa trace verticale avec la ligne de terre.*

147. *2° Le plan est quelconque.*

Si on le rend perpendiculaire au plan horizontal, la nouvelle trace horizontale fait avec la ligne de terre l'angle du plan et du plan vertical; si on le rend perpendiculaire au plan vertical, la nouvelle trace verticale fait avec la ligne de terre l'angle du plan et du plan horizontal.

148. *Solution* (fig. 117). — Soit le plan P″αP. Le plan P″βQ perpendiculaire à la trace horizontale αP, coupe le plan horizontal suivant la ligne Aβ et le plan donné suivant la ligne Aβa′P″.

L'angle de ces deux droites est l'angle de P″αP avec le plan horizontal. Cet angle est rabattu en vraie grandeur en βAP′₁.

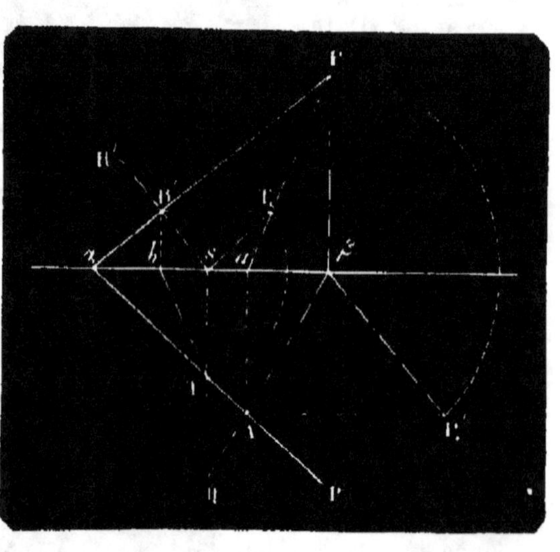

Fig. 117.

De même, si l'on mène le plan R′ST perpendiculaire à la trace verticale αP″, il coupe le plan vertical et le plan donné suivant les droites R′S et R′S,bT, dont l'angle est précisément l'angle de ces plans. On le rabat en vraie grandeur sur le plan vertical en T,B′S.

3° — ANGLE D'UNE DROITE ET D'UN PLAN.

149. Soit à chercher l'angle de la droite AB avec le plan P (fig. 118). C'est l'angle ABa de AB avec sa projection Aa. On voit qu'il a pour complément BAa.

De là on déduit la solution suivante :

D'un point quelconque de la droite, on abaisse une perpendiculaire sur le plan et on cherche l'angle de la droite et de cette perpendiculaire d'après la méthode connue. L'angle à déterminer est le complément de cet angle.

150. Cas particulier. — *Angle d'une droite avec les plans de projection* (fig. 119).

1° *Angle de* V'h', v H *avec le plan horizontal.* — C'est dans l'espace V'Hv; il faut construire le triangle V'vH.

Sur vH en v, on

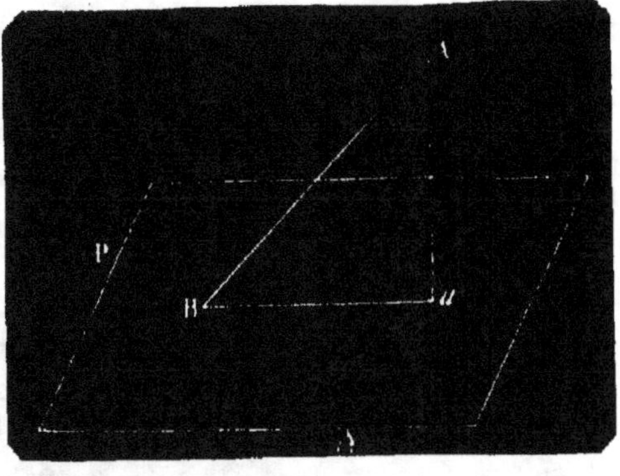

Fig. 118.

élève la perpendiculaire vV, sur laquelle on porte $vV_1 = vV'$,

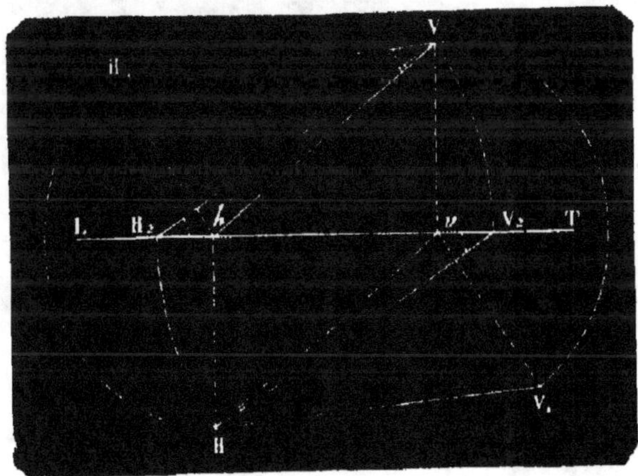

Fig. 119.

et on joint V_1 à H; vV_1H est le triangle de l'espace vV'H. L'angle est vHV_1.

On peut aussi l'obtenir sur le plan vertical.

De v comme centre, on décrit avec vH pour rayon un arc de cercle jusqu'à LT en H_2; on joint H_2 à V'. V'H_2v est le triangle V'vH. L'angle est V'H_2v.

2° *Angle de la droite et du plan vertical.* — On construit comme précédemment le triangle V'h'H sur les deux plans en V'h'H, et h'HV₂. L'angle est H_1V'h' ou h'V₂H.

151. Remarque. — On a supposé que l'on pouvait avoir facilement les traces de la droite. Dans le cas contraire, on n'a qu'à mener par un point de la droite une parallèle à la projection horizontale. L'angle de cette parallèle et de la droite est l'angle de la droite et du plan horizontal. On fait tourner l'angle autour de son côté horizontal pour le rendre parallèle au plan horizontal. Il se projette alors en vraie grandeur.

On fera une construction analogue pour trouver l'angle de la droite et du plan vertical.

On peut aussi mener une parallèle à la droite donnée, de telle sorte qu'on en puisse trouver les traces. Les angles qu'elle forme avec les plans de projection sont égaux à ceux de la ligne donnée avec les mêmes plans.

152. *Mener par un point donné une droite qui fasse des angles donnés avec les deux plans de projection.*

Nous supposons le point donné dans le plan vertical. S'il en était autrement. on n'aurait qu'à mener par le point donné une parallèle à l: droite que nous allons déterminer.

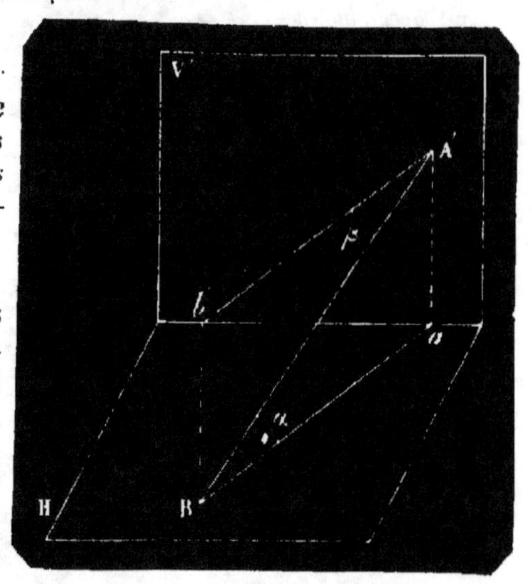

Fig. 120.

Soit donc A′ le point donné dans le plan vertical. On veut mener la droite A′B telle que les angles A′Ba (fig. 120), b′A′B soient égaux à des angles donnés α et β.

On peut construire le triangle A′Ba. Il est rectangle en a ; on connaît A′a, et l'angle A′B$a = α$. Je l'obtiens en aA′B, en faisant en A′ avec A′a un angle égal à 90° — α (fig. 121).

Le côté aB, égale aB. Par suite le point B est sur une circonférence décrite du point a comme centre avec aB, pour rayon.

On construit ensuite le triangle A′Bb′. On connaît A′B = A′B, et l'angle β ; le triangle est rectangle en b′. Sur A′B, comme diamètre, on décrit une demi-circonférence et en A′, avec A′B,, on fait un angle égal à l'angle β, l'angle b′,A′B,. Le triangle est b′,A′B,.

Ab′, = A′b′. b′ est alors sur une circonférence décrite de A′ comme centre avec A′b′, pour rayon et sur la ligne de terre ; B, par suite, se trouve sur une perpendiculaire à LT menée par b ; il était déjà sur la circonférence aB, , il est à la rencontre. La droite est alors aB, A′b′.

Il y a une seconde solution, la circonférence $A'b'_2$, rencon-

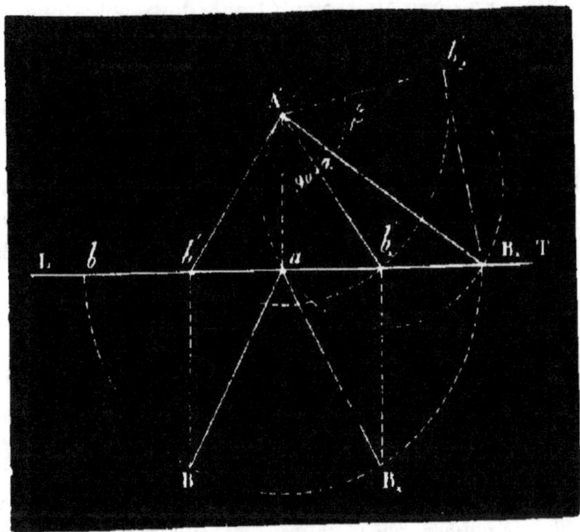

Fig. 121.

trant la ligne de terre en deux points. D'où une seconde droite aB_1, $A'b'_1$.

153. Discussion. — Pour que le problème soit possible, il faut que la circonférence $A'b'_2$ rencontre la ligne de terre. Pour cela il faut que l'on ait :

$$A'a < A'b'_2.$$

Or la circonférence décrite sur $A'B_1$ comme diamètre passe par le point a, car l'angle $A'aB_1$ est droit. Les droites $A'a$ et $A'b'_2$ sont des cordes de cette circonférence.

On doit avoir :

$$\text{arc} \quad A'a < \text{arc} \quad A'b'_2$$

mais

$$\text{arc} \quad A'a = \frac{\alpha}{2}$$

$$\text{arc} \quad A'b'_2 = \frac{90° - \beta}{2}$$

ce qui donne :

$$\alpha \leq 90° - \beta \quad \text{ou} \quad \alpha + \beta \leq 90°.$$

Quand $\alpha + \beta$ est plus petit que 90°, on a deux solutions symétriques. Quand $\alpha + \beta$ égale 90°, il n'y a plus qu'une solution. On voit facilement que la droite est perpendiculaire à la ligne de terre. Enfin quand $\alpha + \beta$ est plus grand que 90°, le problème est impossible.

Remarque. — Quand il y a deux solutions ou une solution dans le premier angle, il y en a le même nombre dans le second. Le problème a donc quatre solutions, deux solutions, ou est impossible.

PROBLÈMES SUR LE CHAPITRE XVI.

98. Déterminer les projections horizontale et verticale d'un cube reposant par une de ses arrêtes AB, donnée de grandeur et de position, sur le plan horizontal, une des faces du cube faisant avec le plan horizontal un angle donné.

99. Par une droite donnée, faire passer un plan qui fasse, avec le plan horizontal, un angle donné.

100. Par un point d'un plan, mener dans ce plan une droite qui fasse un angle donné avec une de ses traces.

101. Par un point donné, mener une droite qui fasse avec une droite donnée un angle donné.

102. Par un point donné, mener une droite qui fasse avec le plan horizontal un angle donné et qui rencontre une droite située dans ce plan.

103. Trouver l'angle de deux droites données chacune par deux points et situées dans un même plan perpendiculaire à la ligne de terre.

104. On donne un tétraèdre par sa base ABC, située sur le plan horizontal, par la projection horizontale et la cote de son sommet D. On demande de trouver : 1° les angles plans DAB, ADB; 2° l'angle dièdre suivant AD; 3° la distance du point A au plan BDC; 4° la distance du point A à la droite BC; 5° la plus courte distance entre DA et BC.

105. Les projections de deux droites rectangulaires sont elles-mêmes rectangulaires, lorsque l'une de ces droites est parallèle au plan de projection, et seulement dans ce cas.

106. Étant données les trois faces d'un trièdre, trouver les trois inclinaisons.

(On prend une des faces pour plan horizontal et on rabat les autres sur elle. On détermine à l'aide de ces rabattements la projection horizontale de la troisième arête. Des triangles rectangles faciles à construire donnent alors les angles.)

107. Réduire à l'horizon l'angle de deux droites.

(On suppose qu'on a mesuré l'angle que font entre elles deux droites contenues dans un même plan qui n'est pas horizontal, ainsi que les inclinaisons respectives de ces droites avec la verticale, et qu'on veuille l'angle des projections horizontales des droites. Les deux droites données et la verticale du point d'intersection forment un trièdre dont on connaît toutes les faces. L'inclinaison mutuelle des deux faces de ce trièdre, qui se coupent suivant la verticale, est l'angle demandé. — (Problème précédent.)

108. Même problème, en supposant l'une des droites données horizontale.

109. Intersection de deux plans donnés par leurs lignes de plus grande pente. Cas où les projections horizontales de ces lignes sont parallèles.

CHAPITRE XVII.

MÉTHODE DES ROTATIONS.

154. Cette méthode, employée quelquefois pour la résolution des problèmes, consiste à faire tourner tout un corps ou une partie seulement de ce corps autour d'un axe que l'on choisit le plus ordinairement perpendiculaire à l'un des plans de projection.

La méthode des changements de plan, étudiée au début de ces leçons, est préférable, entraînant moins de complications, surtout s'il s'agit de constructions de solides. Néanmoins, dans quelques cas particuliers, elle a des applications fréquentes, par exemple quand il s'agit de rendre une droite parallèle à un plan de projection, un plan perpendiculaire à un plan de projection, etc. C'est pour cela que nous allons l'exposer.

Pour pouvoir faire tourner une figure autour d'un axe vertical ou horizontal, il est nécessaire de savoir faire tourner un point, une droite et un plan. D'où trois problèmes à étudier.

155. Problème I. — *Étant données les projections d'un point, celles d'un axe vertical, faire tourner le point d'un angle donné autour de l'axe, et construire les projections de sa nouvelle position* (fig. 122).

Le point m, m' l'axe $a'b'$; b. K est l'angle dont il faut faire tourner le point autour de l'axe dans le sens de la flèche.

Imaginons la droite de l'espace Mm ; en tournant autour de l'axe, elle va engendrer un cylindre, et tous les points de cette ligne engendre-
ront des cercles dont les plans seront per-
pendiculaires à l'axe et par suite parallèles entre eux et au plan horizontal. Les circon-
férences de ces cercles seront toutes égales et se projetteront toutes suivant une seule et même circonférence, celle que décrira le point m avec le rayon

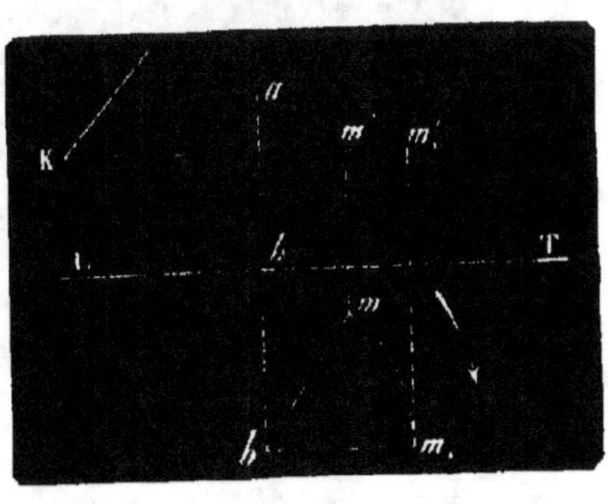

Fig. 122.

bm qui mesure la distance de ce point à l'axe; car ce dernier, étant perpendiculaire au plan horizontal, le sera à bm. Un arc d'une de ces circonférences se projettera en véritable grandeur sur le plan horizontal. De là la construction suivante :

On joint le pied b de l'axe à la projection horizontale m du

point; on décrit un arc de cercle de rayon bm; on fait l'angle mbm_1, dans le sens indiqué par la flèche égal à l'angle donné; le point m_1, où bm_1 rencontre l'arc de cercle, est la nouvelle projection horizontale du point.

Le plan du cercle étant parallèle au plan horizontal et passant par M, sa trace verticale sera parallèle à la ligne de terre et passera par m'. Tous les points de la circonférence décrite par le point M sont projetés verticalement sur cette trace. Le point m'_1 est donc sur la parallèle $m'm'_1$ à LT, et sur une perpendiculaire à LT menée par m_1; par suite, à leur rencontre; $m_1m'_1$ est la nouvelle position du point.

156. Problème II. — *Les projections d'un axe vertical et celles d'une ligne droite étant données, faire tourner cette droite d'un angle donné autour de l'axe et construire les projections de sa nouvelle position* (fig. 123).

On peut se borner à répéter pour deux points quelconques de

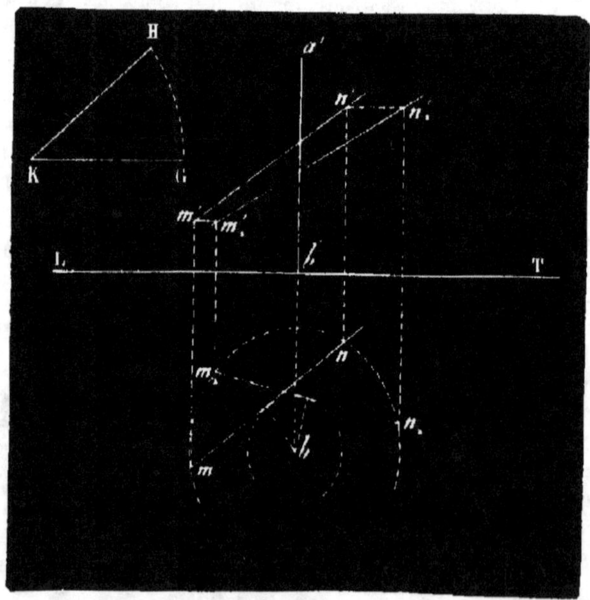

Fig. 123.

la droite la construction indiquée dans le problème précédent, mais il est préférable de prendre les points de manière que leurs projections horizontales soient sur une même circonférence décrite du pied de l'axe comme centre. On n'a qu'un seul arc de cercle à tracer sur le plan horizontal au lieu de deux, et l'angle est plus facile à porter; mn, $m'n'$ est la droite (les points m et n sont sur une même circonférence décrite de b comme centre).

Dans l'angle K, on trace du sommet un arc de même rayon que la circonférence précitée.

On prend ensuite les arcs mm_1, nn_1 égaux entre eux et égaux à l'arc HG. m_1n_1 est la nouvelle projection horizontale de la droite ; les projections verticales des nouveaux points sont sur des perpendiculaires à LT menées par m_1 et n_1 et sur des parallèles à cette ligne menée par m' et n'. D'où m'_1, n'_1.

La droite, après la rotation, est m_1n_1, $m'_1n'_1$.

157. Remarque. — Les arcs mm_1n et m_1nn_1 sont égaux comme formés d'un même arc m_1n et de deux arcs égaux. Par suite, les cordes nn, m_1n_1 sont égales. Elles sont alors à égale distance du centre b. Donc, si l'on décrit de b comme centre avec la distance du point b à mn pour rayon une circonférence, la projection horizontale de la droite dans toutes les positions de celle-ci restera tangente à cette circonférence. On en déduit une nouvelle construction plus employée que la précédente.

158. *Deuxième construction* (fig. 124).

Soient $a'b'$, b l'axe ; mH, $m'h'$ la droite (H est la trace horizontale). Le sens de la rotation est toujours indiqué par la flèche et l'angle de rotation donné.

De b, on abaisse la perpendiculaire bm sur mH et on décrit la circonférence bm. La nouvelle projection horizontale doit rester tangente à cette ligne ; on fait l'angle mbm_1 égal à l'angle donné et on mène en m une tangente m_1H_1 à la circonférence. C'est la nouvelle pro-jection horizon-tale de la droite.

Le point M_1 a sa projection verticale en m' obtenue comme dans les cas pré-cédents. Il faut un second point de la projection verticale. Pro-jetons pour cela la nouvelle trace horizon-tale de la droite

Je dis que si l'on prend $m_1H_1 = mH$ sur la nouvelle projection hori-zontale, H_1 est la nouvelle trace

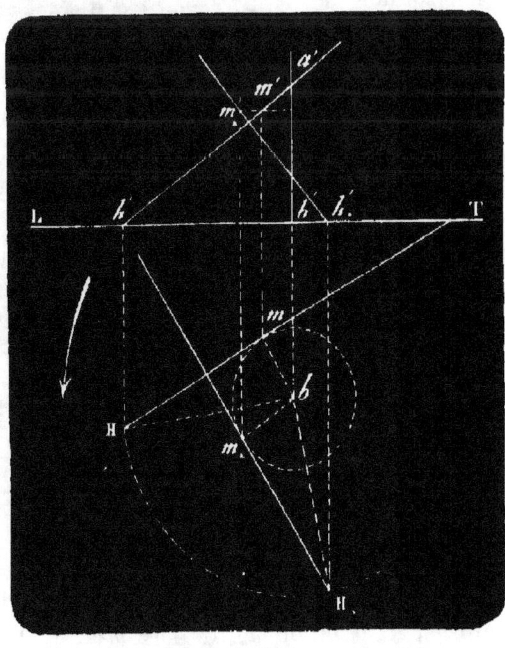

Fig. 124.

horizontale. En effet, si on fait tourner le point H autour de l'axe, il vient sur la circonférence de rayon bH et sur la nouvelle projection horizontale de la droite, soit en H_1. Les triangles mbH, m_1bH$_1$, sont égaux comme triangles rectangles l'un en m, l'autre en m_1, ayant les hypoténuses égales comme rayons (bH $= b$H$_1$) et un côté de l'angle droit égal pour la même raison ($bm = bm_1$). On en déduit mH $= m_1$H$_1$. De sorte que $h'_1 m'_1$ est la nouvelle projection verticale de la droite.

Cette droite est :

$$m_1\text{H}_1 \ , \ m'_1 h'_1.$$

159. Remarque I. — Généralement l'axe de rotation est arbitraire ; on en profite pour le faire passer par un point de la droite qui reste alors immobile dans le mouvement. Il n'y a plus qu'à faire tourner un point de cette droite.

160. Application. — *Étant données les projections d'une droite et celles d'un axe perpendiculaire au plan horizontal, la faire tourner jusqu'à la rendre parallèle au plan vertical* (fig. 125).

On la fait tourner autour de l'axe perpendiculaire au plan horizontale de façon à ce que sa projection horizontale devienne parallèle à LT.

Dans ce cas la droite se projette verticalement en vraie grandeur. C'est la même épure que précédemment ; seulement la nouvelle projection horizontale, toujours tangente au cercle bm, est parallèle à la ligne de terre.

161. Remarque II. — Si l'axe est arbitraire, on applique la remarque (n° 163)

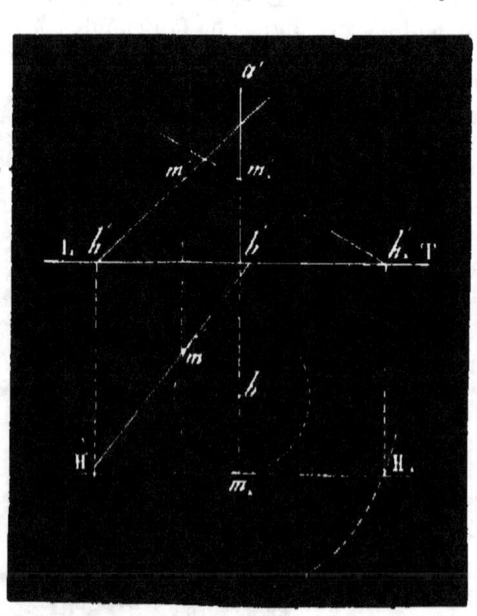

Fig. 125.

et l'épure se simplifie (fig. 126). $m'n'$, mn est la droite. L'axe passant par un point de la droite est $m'o'$, m. On fait tourner un point nn'. La projection horizontale devient mn_1 parallèle à LT, n_1 étant tel que $mn = mn_1$. D'où n'_1 et par suite $m'n'_1$, nouvelle projection verticale.

162. Remarque III. — Ce problème résolu, on en déduit

facilement la véritable grandeur d'une droite donnée par deux points. Dans le dernier cas, sur le plan vertical, la droite MN est en véritable grandeur $m'n'_1$.

163. Problème III. — *Étant données les traces d'un plan et les projections d'un axe perpendiculaire au plan horizontal, le faire tourner d'un angle donné autour de cet axe et chercher ses nouvelles traces* (fig. 127).

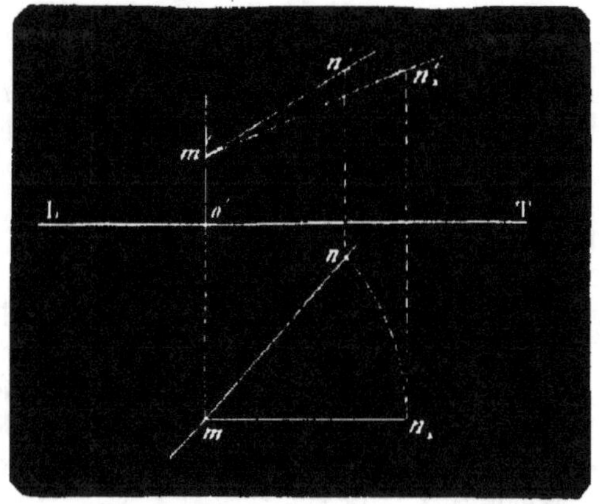

Fig. 126.

$P'\alpha P$ plan donné; $a'b'$, b axe donné. On pourrait tracer dans le plan deux droites quelconques, les faire tourner de l'angle donné, joindre leurs nouvelles traces, on aurait les nouvelles traces du plan.

Mais au lieu de deux droites quelconques, il est préférable de prendre la trace horizontale même du plan et une horizontale de ce plan.

Faisons donc tourner la trace horizontale du plan. De b, on abaisse sur αP la perpendiculaire $bm;$ on décrit la circonfé-

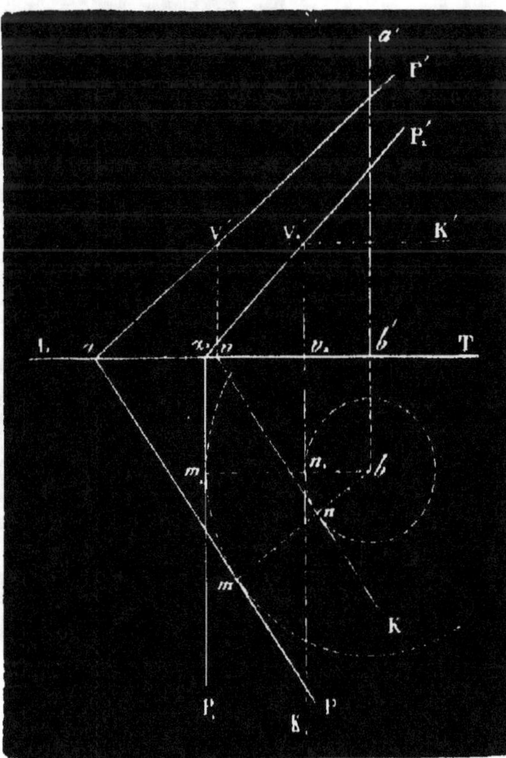

Fig. 127.

rence bm. La nouvelle trace $\alpha_1 P_1$ est tangente à cette circonférence et est menée par m_1 de façon que $m_1 bm$ égale l'angle donné. α_1 est un point de la nouvelle trace verticale.

Il en faut un second. Pour cela, considérons une horizontale du plan. Soit V'K', vK. La perpendiculaire bn à vK est toute menée ; on trace le cercle bn.— bm_1 rencontre la circonférence en n_1. Par ce point, on mène une tangente v_1K$_1$; c'est la nouvelle projection horizontale de l'horizontale. L'horizontale, tournant autour d'un axe vertical, reste à la même distance du plan horizontal, et sa projection verticale reste à la même distance de LT et toujours parallèle à LT. C'est la ligne V'K'. Par suite la nouvelle trace verticale de l'horizontale reste sur cette ligne et sur une perpendiculaire en v_1 à LT, donc en V'$_1$. C'est un point de la nouvelle trace verticale du plan qui est alors α_1V'$_1$. Le plan est P'$_1\alpha_1$P$_1$.

164. Application. — *Étant données les traces d'un plan et les projections d'un axe perpendiculaire au plan horizontal, le faire tourner autour de cet axe de manière à le rendre perpendiculaire au plan vertical et trouver les nouvelles traces (fig. 128).*

C'est le même problème que précédemment ; seulement la nouvelle trace horizontale, toujours tangente à la circonférence bm, est de plus perperdiculaire à LT. La figure ci-jointe s'explique alors facilement. C'est la même que plus haut avec cette différence que

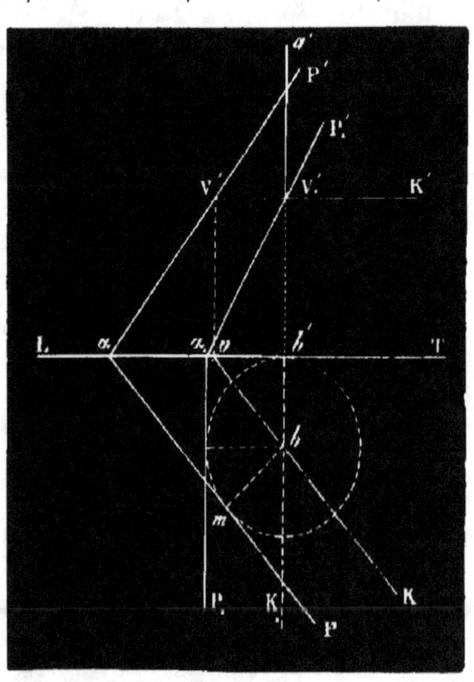

Fig. 128.

l'horizontale a été menée par le point d'intersection de l'axe et du plan.

On voit dans ce cas la simplification.

165. Remarque I.—La rotation d'un point, d'une ligne, d'un plan, autour d'un axe perpendiculaire au plan vertical se ferait d'une manière identique.

La méthode des rotations est employée pour trouver l'intersection d'un solide par un plan quelconque. Nous allons en voir un exemple dans la sphère.

166. Remarque II. — Il y a une analogie complète entre la méthode des rotations et celle des changements de plans.

Faire tourner un corps autour d'une droite verticale revient évidemment à changer de plan vertical. Il faut choisir dans les applications celle des méthodes qui présente des constructions plus simples.

PROBLÈMES SUR LE CHAPITRE XVII.

110. Les traces d'un plan perpendiculaire au plan vertical de projection étant données, déplacer ce plan de manière qu'il devienne parallèle au plan horizontal.

Solution. — Faites tourner le plan autour d'un **axe** perpendiculaire au plan vertical.

111. Les traces d'un plan quelconque étant données, faire en sorte que ce plan et le plan horizontal deviennent parallèles.

Solution. — Faites tourner le plan autour d'un axe vertical de manière à l'amener perpendiculaire au plan vertical, et vous rentrerez dans le problème précédent.

112. Les projections d'une ligne droite parallèle au plan vertical de projection étant données, déplacer cette droite de manière à l'amener perpendiculaire au plan horizontal.

Solution. — Faites tourner la droite autour d'un axe perpendiculaire au plan vertical.

113. Les projections d'une ligne droite quelconque étant données, déplacer cette droite de manière à l'amener perpendiculaire au plan horizontal.

Solution. — Faites tourner la droite autour d'un axe vertical de manière à l'amener parallèle au plan vertical, et vous rentrerez dans le problème précédent.

CHAPITRE XVIII.

DE LA SPHÈRE.

167. Définition. — La sphère est un corps engendré par la rotation d'un demi-cercle autour de son diamètre. Elle est, par suite, terminée par une surface de révolution dont tous les points sont à égale distance du centre du demi-cercle, lequel centre devient alors le centre de la sphère. La droite menée du centre à un point de la surface se nomme rayon. Tous les rayons sont égaux d'après la définition. Toute droite passant par le centre et limitée de part et d'autre à la surface se nomme diamètre. Un diamètre est double du rayon et, par suite, tous les diamètres sont égaux.

On nomme plan tangent à une sphère un plan qui n'a qu'un point de commun avec elle. Il contient toutes les tangentes aux diverses courbes que l'on peut mener par ce point sur la surface de la sphère, et est perpendiculaire à l'extrémité du rayon de contact.

168. *Toute section faite dans une sphère par un plan est un cercle.*

Remettons en mémoire cette proposition qui va nous être si utile (fig. 129).

1° Si le plan sécant passe par le centre de la sphère, il rencontre sa surface en des points également éloignés du centre. La section est alors un cercle qui a le même centre et le même rayon que la sphère.

2° Le plan ne passe pas par le point O; il vient couper la surface suivant la courbe ABD. Soient A, E, B, etc., plusieurs points

de cette courbe. Appartenant à la surface de la sphère, ils sont à égale distance du point O ; mais si l'on imagine la perpendiculaire OC au plan sécant, les lignes OA, OE, OB, etc., sont par rapport à cette ligne des obliques, et comme elles sont égales elles doivent s'écarter également du pied de la perpendiculaire. Donc

$$CA = CE = CB = \text{etc.}$$

Par suite tous les points de la section sont à égale distance d'un

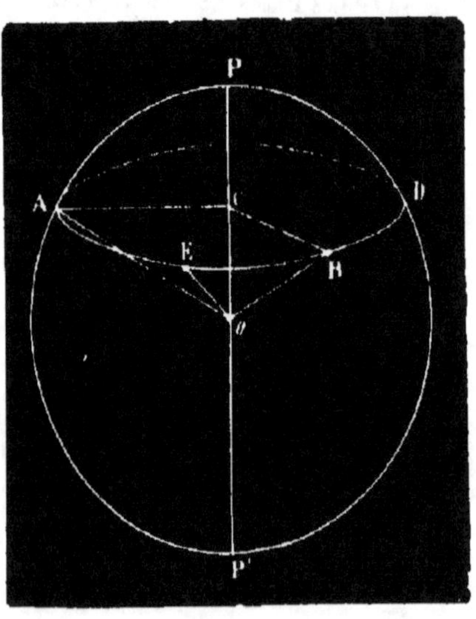

Fig. 129.

point intérieur C; ils sont sur une circonférence de centre C.

Le centre du cercle est donc le pied de la perpendiculaire abaissée du centre de la sphère sur le plan. Si on considère le triangle CBO, rectangle en C, puisque OC est perpendiculaire au plan ABD et par suite à CB qui passe par son pied dans le plan, le rayon CB de ce cercle est un des côtés de l'angle droit d'un triangle rectangle dont le rayon de la sphère est l'hypoténuse et dont l'autre côté est la distance du centre de la sphère au plan sécant. (Cette remarque est capitale pour ce qui va suivre.)

169. Remarque I. — Toutes les sections par des plans horizontaux constituent des cercles horizontaux qu'on nomme **parallèles**. Ce sont de petits cercles relativement à celui qui passe par le centre de la sphère et qu'on nomme **équateur**.

170. Remarque II. — Tout plan vertical passant par le centre de la sphère est un **plan méridien**. En particulier celui qui est parallèle au plan vertical de projection est un **méridien principal**.

171. — On représente une sphère en projection horizontale par la projection de l'équateur et en projection verticale par la projection du méridien principal. On peut s'expliquer de la manière suivante ce mode de représentation. Quand on veut figurer la projection horizontale d'un corps, on imagine un observateur situé à l'infini sur une verticale. Les rayons visuels sont tous verticaux, et évidemment dans le cas particulier il n'aperçoit que la moitié de la sphère située au-dessus de l'équateur. La ligne obtenue reçoit le nom de **contour apparent sur le plan horizontal** et c'est lui qui représente la sphère en projection horizontale. Le même raisonnement se ferait pour le plan vertical ; la projection du méridien principal est le **contour apparent sur le plan vertical**.

N'oublions donc pas que les deux circonférences que nous allons tracer sur les plans de projections, circonférences ayant le même diamètre, celui de la sphère, ne sont pas les projections d'une même circonférence. La projection verticale de l'équateur est le diamètre parallèle à la ligne de terre de la projection verticale (car le plan de l'équateur parallèle au plan horizontal ne peut rencontrer le plan vertical que suivant une parallèle à la ligne de terre, et comme il passe par le centre cette parallèle devra passer par o'). De même la projection horizontale du méridien principal est le diamètre parallèle à la ligne de terre de la projection horizontale.

C'est de cette remarque que nous allons déduire le problème suivant.

172. Problème I. — *Connaissant l'une des projections d'un point d'une sphère, trouver l'autre projection* (fig. 130).

Soit la sphère o, o' donnée par ses contours apparents, et la projection horizontale m d'un point M de la surface ; il faut en trouver la projection verticale.

Par le point M de l'espace, on mène un plan parallèle au plan horizontal. Il coupe la sphère suivant un parallèle qui se projette sur le plan horizontal en vraie grandeur, suivant le cercle de rayon om. Ce parallèle s'appuie sur le méridien principal en un point qui est projeté horizontalement en K sur ab. La projection verticale de ce point est sur la circonférence o' et sur la perpendiculaire menée de K à LT, soit en K'. Le parallèle se projette verticalement suivant une parallèle à LT menée par K'. Le point M a sa projection verticale sur cette ligne et sur une perpendiculaire à LT par *m*, par suite en *m'*.

La ligne de rappel menée de K à LT rencontre le méridien principal en un second point K'₁. D'où une seconde parallèle à LT et une seconde projection verticale *m'₁*.

Par suite deux points $(m, m')(m, m'_1)$ se projettent horizontalement en *m*.

On pourrait donner la projection verticale d'un point et chercher la projection horizontale. Le raisonnement serait identique. Nous indiquons seulement la construction. Soit *m'* la projection donnée. Par *m'*, on mène une parallèle à LT. Elle coupe le cercle *o'*

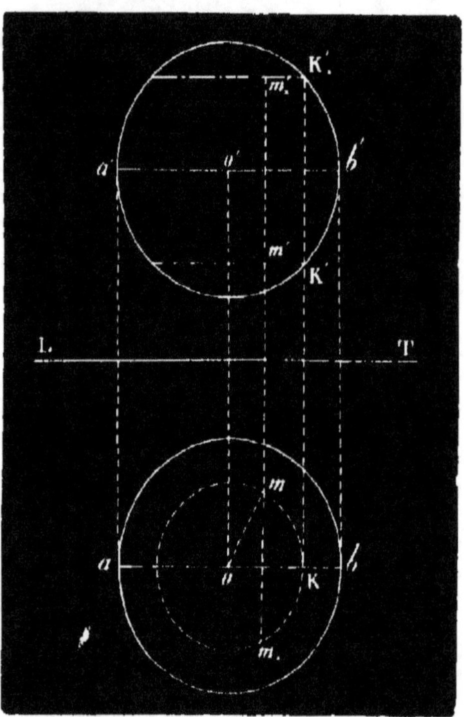

Fig. 130.

en K'. D'où K sur *ab* et le cercle *o*K. Le point *m* est sur la perpendiculaire menée de *m'* à LT et sur la circonférence *o*K. On trouve une seconde solution en *m₁*, sur le prolongement de *m'm*.

173. Problème II. — *Intersection d'une sphère et d'un plan perpendiculaire au plan vertical* (fig. 131).

Soit la sphère *o'*, *o* et le plan P'αP.

Nous avons rappelé que la section était un cercle dont le centre est au pied de la perpendiculaire abaissée du centre de la sphère sur le plan. Les projections de cette perpendiculaire sont ici *o'*K' perpendiculaire à αP' et *o*a perpendiculaire à αP. Le point de rencontre de cette droite et du plan est K',K. K'K est le centre du cercle.

La projection verticale de ce cercle est évidemment sur αP'; c'est *m'n'*. La projection horizontale est une ellipse dont le centre est K.

Le grand axe est le diamètre du cercle. Le rayon du cercle, avons-nous vu, est l'un des côtés de l'angle droit d'un triangle rectangle dont le rayon de la sphère est l'hypoténuse et dont l'autre côté est la distance du centre de la sphère au plan. Ici $o'm'$ égale le rayon de la sphère, $o'K'$ la distance en question, car la droite oK, $o'K'$ est parallèle au plan vertical, sa projection horizontale étant parallèle à LT. L'angle K' est droit. Le triangle est $m'K'o'$. Donc $K'm'$ égale le rayon; $m'n'$ donne le diamètre et par suite le grand axe de l'ellipse. Ce grand axe est la projection ho-

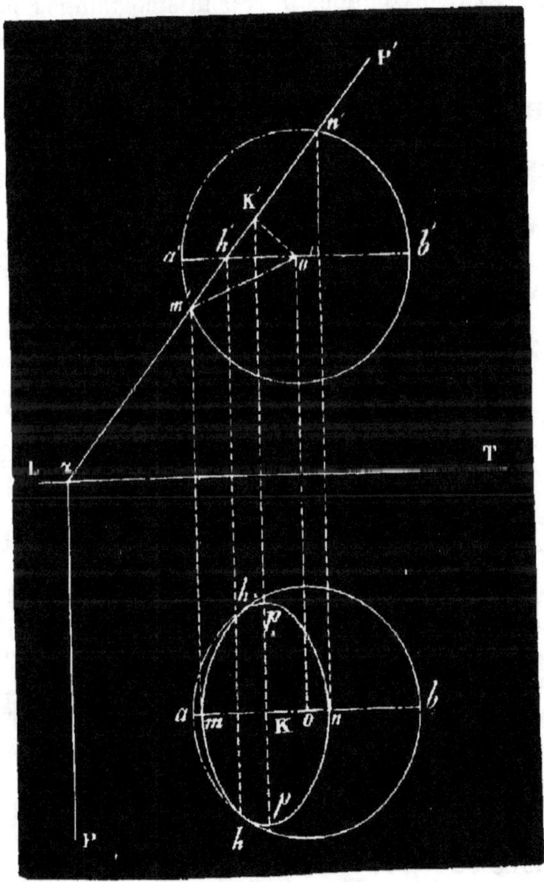

Fig. 131.

rizontale d'une ligne perpendiculaire au plan vertical; cette projection horizontale est $pKp_{\prime}$, perpendiculaire à LT menée par K; la longueur de l'axe étant connue, on prend

$$Kp = Kp_{\prime} = \frac{m'n'}{2}.$$

Les points p et $p_{\prime}$ sont les extrémités du grand axe. Le petit axe sera suivant une perpendiculaire à cette ligne menée par K. Sa direction est ab. La projection verticale étant $m'n'$, les projections horizontales des points M et N seront en m et n sur ab; mn est le petit axe. On a les deux axes de l'ellipse. Il est facile de la tracer.

174. Remarque I. — Remarquons qu'on obtiendrait autant de points que l'on voudrait en coupant la sphère et le plan par des plans horizontaux. On aurait comme intersections des parallèles et des horizontales. Les points communs donneraient des points de l'intersection; mais c'est inutile une fois qu'on a les axes.

175. Remarque II. — Les points de l'intersection situés sur le grand cercle horizontal de la sphère sont projetés verticalement en h'. D'où h et h_1. Remarquons que l'ellipse touchera en ces points la projection de l'équateur; car, en un point tel que h',h, les tangentes au cercle et à l'équateur, bien que distinctes, sont situées dans le même plan tangent à la sphère qui est vertical. Ces deux tangentes ont dès lors la même projection horizontale, ce qui prouve que les deux courbes sont tangentes.

Ces points h, h'; $h_1 h$, séparent la partie cachée de la partie vue. En effet, l'observateur placé au-dessus de la sphère aperçoit la portion $h_1 nh$ et ne voit pas la partie hmh_1; mais si l'on suppose la calotte supérieure enlevée, comme l'indique la figure, l'observateur aperçoit la courbe tout entière.

176. Problème III. — *Intersection d'une sphère et d'un plan quelconque* (fig. 132).

Le plan est P'αP. La sphère est o, o'. On fait tourner le plan et la sphère autour d'un axe vertical passant par le centre de la sphère jusqu'à rendre le plan perpendiculaire au plan vertical. Les projections de la sphère ne changent pas dans ce mouvement.

On abaisse la perpendiculaire od sur sur αP. On décrit un arc de cercle de rayon od. αP₁, nouvelle trace horizontale du plan, est une tangente à cet arc perpendiculaire à la ligne de terre. On mène une horizontale du plan par le pied de l'axe. Soit oe, $e'e'_1$. Le poins e'' sur l'axe donne un point de la nouvelle trace verticale qui est $α_1 P'_1$.

$α_1 P'_1$ rencontre la circonférence o' en $a'_1 b'_1$. D'où $a_1 b_1$ grandeur du petit axe. Le grand axe est en grandeur $a'_1 b'_1$; on le porte en $r_1 s_1$, perpendiculaire élevée sur le milieu de la ligne $a_1 b_1$.

On fait alors tourner la figure pour la ramener dans sa position primitive; les points a_1 et b_1 viennent sur od et sur des circonférences décrites de o comme centre avec oa_1, ob_1 pour rayons. Les points a'_1, b'_1 viennent en a' et b' sur des perpendiculaires à LT menées par a et b et sur des parallèles à cette ligne par a'_1 et b'_1. (Le centre, primitivement en $c'_1 c_1$, est maintenant en c, c'.) La ligne $r_1 s_1$ devient rs perpendiculaire en c à ab.

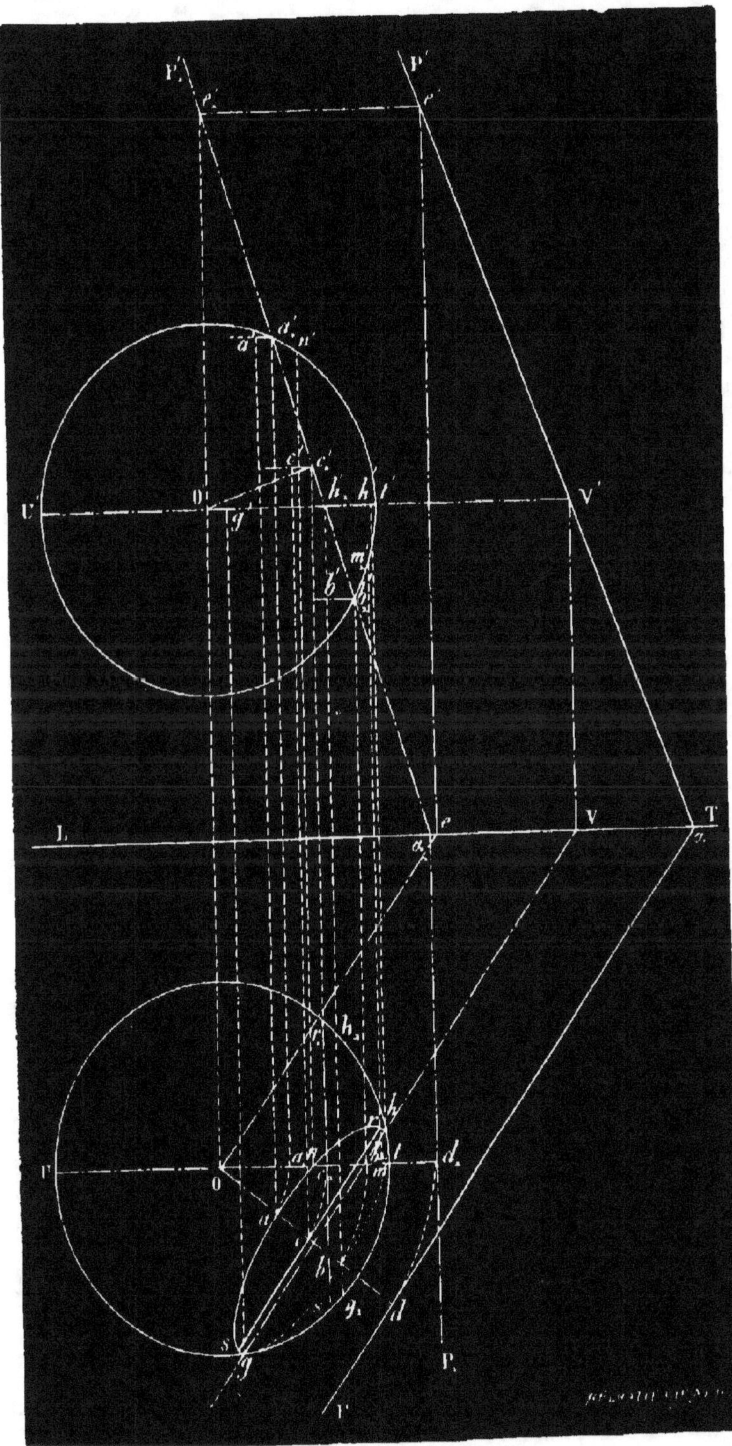

Fig. 132.

On a sur le plan horizontal les deux axes de l'ellipse (*rs* et *ab*); on peut la tracer. Il est facile d'avoir directement les points où la courbe touche la circonférence.

On aurait pu trouver les projections de l'intersection en coupant la sphère et le plan par des plans parallèles au plan horizontal. Les points communs aux deux intersections donnent des points de l'intersection cherchée. Si on coupe en particulier par le plan parallèle au plan horizontal contenant le centre de la sphère, sa trace verticale est le diamètre U't. L'intersection avec P'αP est *o*'V', V*hg*. L'intersection avec la sphère est U't sur le plan vertical, et la circonférence *o* sur le plan horizontal. Les projections horizontales se coupent en *g* et *h* d'où *g*' et *h*'. *g* et *h* sont les points où l'ellipse sur le plan horizontal touche la circonférence *o*.

Ces points s'obtiennent encore en s'appuyant sur ce qui a été déjà démontré. Le point *h*', où *a*'$_,$*b*', rencontre U't est la projection verticale de deux points dont les projections horizontales seraient en des points *h*, et *g*, situés sur la circonférence *o*. On a ainsi les points de contact cherchés quand le plan a tourné autour de l'axe. En ramenant le plan dans sa position, on obtiendra *h* et *g* tels que les angles *h*$_,$*oh*, *gog*$_,$ égalent l'angle *b*$_,$*ob*.

Ces deux points séparent la partie vue de la partie cachée.

Supposons qu'on mène aux points *b* et *a* des tangentes à l'ellipse *ab*. Ces tangentes seront parallèles à αP, puisqu'elles seront perpendiculaires à *ab* qui est perpendiculaire à αP. Ce seront les projections horizontales des tangentes à la section aux points A et B. Ces projections étant parallèles à αP seront les projections horizontales d'horizontales du plan P'αP; leurs projections verticales *a*'$_,$*a*', *b*'$_,$*b*'. tangentes à l'ellipse sur le plan vertical en *a*' et *b*' seront parallèles à la ligne de terre. Les points *a*' et *b*' seront alors sur le plan vertical les points le plus haut et le plus bas.

177. Remarque I. — On détermine les axes de la projection verticale par une rotation analogue à celle qui a été faite pour obtenir ceux de la projection horizontale. On rend le plan perpendiculaire au plan horizontal. On trouve aussi de même les points de contact *m*' et *n*', comme pour le plan horizontal. (Comme vérification, les points *m* et *n* qui en résultent doivent se trouver sur U*t* et sur l'ellipse *ab*.) On déduit de même les points le plus haut et le plus bas sur le plan horizontal.

Les deux projections sont alors complétement déterminées.

178. Remarque II. — On peut opérer au moyen de la méthode des changements de plan.

Soit à trouver l'intersection de la sphère *o*, *o*' par le plan quelconque P'αP (fig. 135).

1° *Projection horizontale de l'intersection.* Prenons un plan vertical auxiliaire perpendiculaire au premier et passant par le centre de la sphère; la trace horizontale de ce plan est la droite L_1T_1 perpendiculaire à αP. Rabattons-le autour de l'horizontale qui passe par le centre de la sphère. La nouvelle projection verticale et la projection horizontale se confondront après le rabattement. Pour rabattre la trace de $P'\alpha P$ sur ce plan auxiliaire, déterminons d'abord le point f où la charnière, projetée verticalement en $c'o'$ rencontre ce plan; pendant la rotation, le point f reste immobile. Le point du plan $P'\alpha P$ projeté en o, a pour projection verticale g'; ce point se rabat sur oG, perpendiculairement à L_1T_1, à la distance $oG = o'g'$ de o. fG est donc la nouvelle trace verticale du plan $P'\alpha$. Les points h_1, k_1 projetés en h et k, donnent le petit axe hk de la projection.

Le grand axe ab est égal à h_1k_1 et il est perpendiculaire au milieu de hk. On obtient les points d et e situés sur le contour apparent, au moyen du plan horizontal $c'o'$ passant par le centre de la sphère.

2° *Projection verticale de l'intersection.*

On fait une construction absolument identique à la précédente.

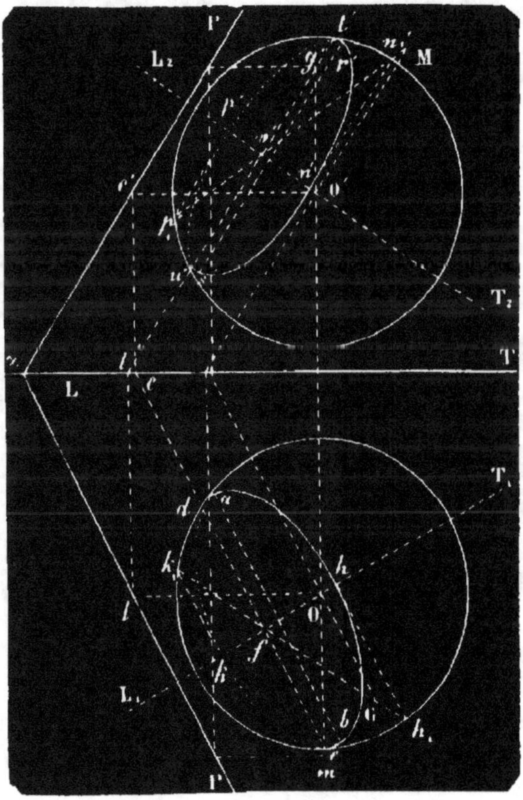

180. Application. — *Intersection d'une sphère et d'un plan qui passe par la ligne de terre et fait un angle donné avec le plan horizontal* (fig. 134.)

Fig. 134

La sphère est o, o'. On change le plan vertical de manière à le rendre perpendiculaire au plan horizontal. Soit L_1T_1 la nouvelle ligne de terre. αL sera la trace horizontale et $\alpha P'_1$ faisant l'angle donné avec L_1T_1 sera la nouvelle trace verticale. Le centre O restant à la même distance du plan horizontal, o'_1 sera sur une perpendiculaire menée de o à L_1T_1 et à une distance de cette ligne égale à la distance de o' à LT. D'où la nouvelle pro-

jection verticale de la sphère. On est ramené à l'intersection
d'une sphère par un plan perpendiculaire au plan vertical. On a

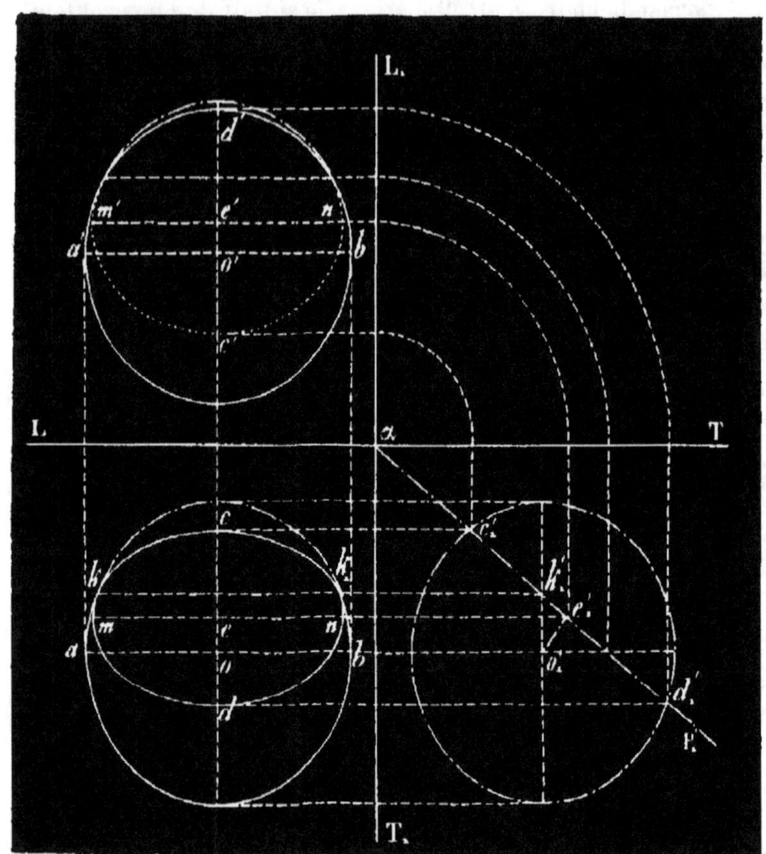

Fig. 134.

la projection horizontale de l'intersection par la méthode connue (n° **173**).

On détermine directement la projection verticale, comme
l'indique la figure.

Même remarque que précédemment pour les points le plus
haut et le plus bas.

181. Problème IV. — *Construire les projections du centre et
la grandeur du rayon de la sphère circonscrite à un tétraèdre donné*
(fig. 135).

Le centre est à la rencontre des plans menés perpendiculairement au milieu des arêtes du tétraèdre.

Je prends le tétraèdre de manière que sa base soit sur le plan
horizontal, et qu'une arête soit parallèle au plan vertical. Le
tétraèdre est *sabc*, *s'a'b'c'*. *sa* est parallèle à la ligne de terre.

On cherche le centre *d* de la circonférence passant par les points a, b, c. Si on imagine par ce point une perpendiculaire au plan horizontal, tout point de cette ligne sera à égale distance de a, b, c, car les lignes qui le joindront à ces trois points seront des obliques s'écartant également du pied de la perpendiculaire. Il suffit donc de trouver sur cette perpendiculaire un point à égale distance de S et de A par exemple.

Sur le milieu de l'arête SA, menons un plan perpendiculaire. Le centre cherché sera à l'intersection de ce plan et de la verticale en question.

L'arête SA, est en véritable grandeur sur le plan vertical, puisqu'elle est parallèle à ce plan. Par le milieu de $s'a'$, on mène sur cette ligne une perpendiculaire P'α et par α une perpendiculaire αP à LT. On a le plan perpendiculaire sur SA en son milieu.

Il coupe la projection verticale $d'm'$ de la verticale du point d en d''. Le centre est alors $d'd$.

Le rayon est da, $d'a'$. On en a la véritable grandeur en faisant tourner cette ligne autour d'un axe vertical passant par d, d', jusqu'à l'amener parallèle au plan vertical. $d'a'_1$ est le rayon en véritable grandeur. D'où l'on déduit les deux projections de la sphère.

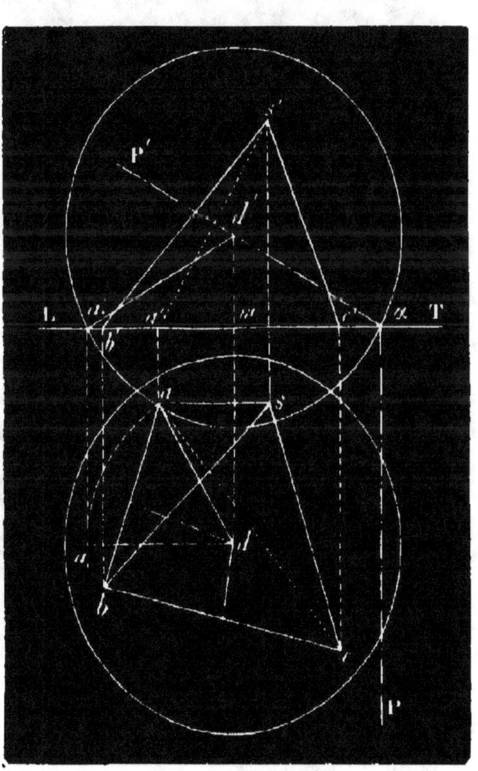

Fig. 135.

182. Remarque. — Le tétraèdre étant quelconque, par une rotation autour d'un axe, on amènerait facilement une arête à être parallèle au plan vertical et on rentrerait dans le cas précédent.

183. Problème V. — *Construire les projections du centre et le rayon de la sphère inscrite dans un tétraèdre donné* (fig. 136).

Le centre est au point de rencontre des plans bissecteurs des dièdres formés par chaque face latérale avec le plan de la base.

Le tétraèdre est ici $sabc$, $s'a'b'c'$. On pourrait mener les trois plans bissecteurs et en chercher l'intersection. Mais ce serait long. Nous allons opérer directement.

1° On cherche l'intersection de chacun de ces plans bissec-

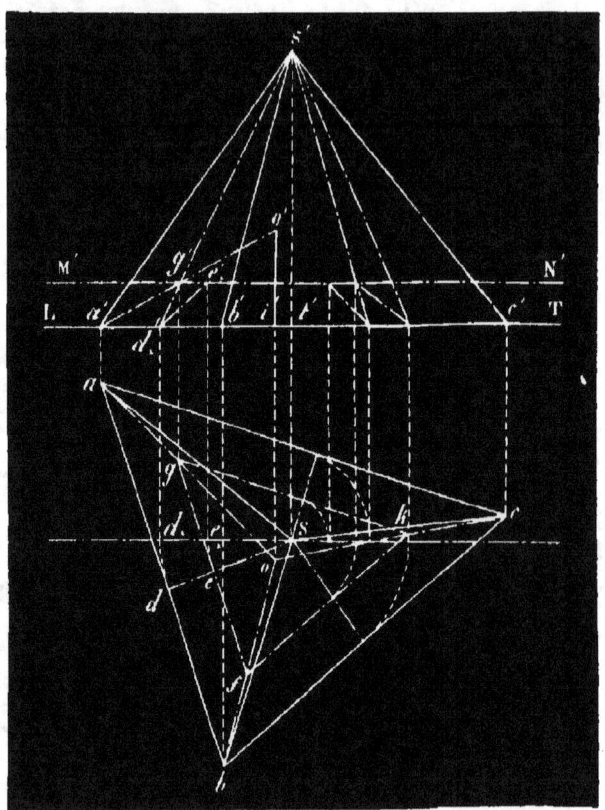

Fig. 136.

teurs avec un plan M'N' parallèle au plan horizontal, soit d'abord avec celui du dièdre $sabc$.

Si l'on abaisse de s sur ab la perpendiculaire sd, l'angle de l'espace Sds est l'angle plan correspondant du dièdre. On l'obtient sur le plan vertical en construisant le triangle rectangle Sds, dont les côtés de l'angle droit sont sd et Ss ou $s'l'$. On porte, sur une parallèle à LT menée par s, $sd_1 = sd$. Puis par une perpendiculaire à LT de d_1 on a

$$l'd'_1 = s'l' = sd.$$

Le triangle rectangle est $s'l'd'_1$ et l'angle est $s'd'_1l'$. On mène la bissectrice $d'_,e'_,$; elle est dans le plan bissecteur et rencontre le plan M'N' en un point projeté verticalement en $e'_,$; d'où e, et e L'intersection est une horizontale de chaque plan; elle se projettera horizontalement suivant une parallèle gf à ab menée par e.

Par le même raisonnement, on obtiendra une ligne fk parallèle à bc, une autre gk parallèle à ac, qui seront les projections horizontales des intersections du plan M'N' et des plans bissecteurs des dièdres sba, $sacb$.

Les trois projections horizontales se coupent en g, f, k. Le point g appartient aux plans bissecteurs des dièdres $sabc$, $sacb$, ainsi que le point a. Par suite, ag est l'intersection de ces deux plans bissecteurs De même ck, bf sont les intersections des autres plans bissecteurs pris deux à deux. Ces trois lignes se coupent en un même point o qui est la projection horizontale du centre cherché. o' est sur $a'g'$ qui s'obtient facilement. oo' est le centre.

Le rayon est la distance du point O à l'une des faces, à abc par exemple, c'est-à-dire au plan horizontal. C'est alors la distance $o'i$ de o' à la ligne de terre.

PROBLÈMES SUR LE CHAPITRE XVIII.

114. Le centre d'une sphère est à $0^m,8$ du plan horizontal et à 1 mètre du plan vertical. Son diamètre est égal à 1 mètre. Déterminer l'intersection de ce solide avec les faces non prolongées d'un tétraèdre régulier dont le sommet est au centre de la sphère et dont la base repose sur le plan horizontal. (*Brevet de Cluny*, 1871.)

(Appliquer les principes généraux du chapitre xv.)

115. Trouver les points de rencontre d'une droite et d'une sphère.

(On rabat le plan déterminé par la droite et le centre de la sphère.)

116. Mener à une sphère donnée un plan tangent parallèle à un plan donné.

(On mène au plan une perpendiculaire par le centre de la sphère. Les points où elle rencontre la sphère sont les points de contact.)

117. Intersection de deux sphères données.

118. Mener un plan parallèle à un plan donné et qui coupe une sphère donnée suivant un cercle de rayon connu.

(Du centre de la sphère, on abaisse une perpendiculaire sur le plan. Le centre du cercle est sur cette ligne. On peut en déterminer la distance au centre de la sphère par un triangle rectangle dont on a deux côtés. On aura un point du plan à mener.)

119. Mener par une droite donnée des plans tangents à une sphère donnée.

(Par le centre de la sphère, on mène un plan perpendiculaire à la droite. On cherche l'intersection du plan et de la sphère, etc.)

120. Courbe de contact d'une sphère avec un cylindre circonscrit parallèle à une direction donnée (ombre propre de la sphère).

(Si l'on a un demi-cercle tournant autour d'un diamètre et une tangente parallèle à ce demi-cercle, la rotation donne une sphère et un cylindre qui se coupent suivant un cercle dont on veut les projections. Le plan de ce cercle est perpendiculaire à la droite et passe par le centre de la sphère. On cherche son intersection avec la sphère.)

121. Courbe de contact d'une sphère avec un cône circonscrit dont le sommet est donné (ombre au flambeau).

(Solution analogue; la tangente passe par un point donné, qui est le sommet du cône.)

Les problèmes **120** et **121** sont résolus tout au long dans le cours de 4ᵉ année.

PROBLÈMES DIVERS.

122. Deux droites étant données par leurs projections, déterminer les projections d'un segment rectiligne de longueur donnée, parallèle au plan horizontal, et tel que ses extrémités soient sur les droites données.

(*Concours académique de Dijon*, 1876.)

123. Étant données deux plans sécants, par un point de l'un des plans, mener une droite qui fasse avec l'autre un angle donné.

(*Diplôme, Dijon*, 1873-1874.)

124. Étant donné un tétraèdre régulier, une des faces sur le plan horizontal, on décrit une circonférence sur cette face; par cette circonférence, on fait passer une sphère qui a son centre au sommet du tétraèdre. Indiquer l'intersection des surfaces des deux solides. On supprimera la partie extérieure du tétraèdre et celle de la sphère.

(*Diplôme, Dijon*, 1873-1874.)

125. La trace horizontale d'une droite est à 0,01 au-dessous de la ligne de terre; sa trace verticale est à 0,015 au-dessus, et sa vraie grandeur entre les traces est à 0,02. Construire ses projections.

126. On donne une pyramide régulière qui a pour base un triangle équilatéral de 4 centimètres de côté et pour hauteur 5 centimètres. Projeter ce tétraèdre, sachant que le côté CB de la base ABC fait un angle de 30° avec LT, et que le sommet de cette base le plus rapproché de la ligne de terre en est distant de 2 centimètres.

On demande de couper par un plan passant par le milieu de la hauteur parallèle à CB et faisant avec le plan horizontal un angle de 45°. Trouver les projections de l'intersection; développement et transformée de la section.

127. Angle de deux plans dont l'un passe par la ligne de terre et l'autre est quelconque.

128. Angle de deux plans tous deux parallèles à la ligne de terre.

129. Projections d'un cercle situé dans un plan quelconque et ayant son centre sur la bissectrice de l'angle des traces.

130. Projections d'un tétraèdre dont on donne les six arêtes et dont le plan de l'une des faces est donné par ses traces.

131. Connaissant la trace horizontale d'un plan et l'angle que fait ce plan avec le plan horizontal, trouver sa trace verticale.

132. Étant données les projections d'une droite, en déterminer la projection sur un plan parallèle à la droite et perpendiculaire au plan vertical. Effectuer le rabattement du plan avec la projection.

133. Une pyramide a pour base un carré dont le côté a 5 mètres de long. Cette pyramide est régulière et une quelconque de ses arêtes latérales fait avec le plan de la base un angle de 60°. Calculer le volume de la pyramide.

134. Couper une pyramide quadrangulaire quelconque par un plan tel que la section soit un parallélogramme.

135. On donne un tronc de pyramide triangulaire régulière; sa hauteur est égale à 4 centimètres, le côté de la petite base à 5 centimètres et celui de la grande base à 10 centimètres. Ce tronc repose sur le plan horizontal par sa grande base dont une arête est perpendiculaire à LT. On le fait tourner autour de cette arête jusqu'à ce que la face latérale adjacente vienne s'appliquer sur le plan horizontal. On demande de construire les projections du tronc, considéré d'abord dans sa position initiale, puis renversé sur le plan horizontal.

(Concours académique de Caen, 1877.)

136. Un prisme droit a pour base un hexagone régulier ABCDEF dont le côté vaut $0^m,034$. Sur les arêtes latérales qui partent des sommets A, B, C de la base on prend les longueurs $AA^1 = 0^m,068$, $BB^1 = 0^m,055$, $CC^1 = 0^m,025$. Par les trois points A_1, B_1, C_1, on fait passer un plan P qui détermine le tronc de prisme compris entre la base ABCDEF et ce plan. On demande de construire :

1° Les projections horizontales et verticales de ce tronc, en posant la base ABCDEF sur le plan horizontal de manière que le côté AB soit perpendiculaire à LT.

2° La partie du plan horizontal cachée par le tronc de pyramide, l'œil étant placé au-dessus du plan P à la distance de $0^m,125$ sur la perpendiculaire à ce plan menée par le point où l'axe du prisme le rencontre.

(Examens de Saint-Cyr, 1866.)

137. On donne un tétraèdre régulier dont la base *abc* repose sur le plan horizontal; le côté *ab* est parallèle à la ligne de terre. Par le côté *bc*, on mène le plan bissecteur du dièdre dont l'arête est *bc*; déterminer les projections et la vraie grandeur de la section faite par ce plan dans le tétraèdre. On prendra le côté du tétraèdre régulier égal à 4 centimètres et la distance du côté *ab* à la ligne de terre égale à 2 centimètres.

Les élèves feront l'épure avec la règle et le compas et expliqueront très-sommairement les constructions effectuées.

(Concours académique de Poitiers, 1872.)

138. On donne une sphère de $0^m,05$ de rayon, tangente aux deux plans de projection. Le centre est dans le premier angle dièdre. On inscrit dans cette sphère un prisme droit dont la base est un hexagone régulier, l'axe vertical, et dont la hauteur est égale au diamètre du polygone de base. Une des faces est parallèle au plan vertical de projection.

On mène le diamètre de la sphère parallèle à LT et on joint son extrémité de gauche à tous les sommets de la base inférieure du prisme.

On demande : 1° de représenter le prisme et la pyramide obtenus; 2° de trouver l'intersection des deux corps; 3° de construire le développement de la face latérale du prisme sur un plan parallèle au plan vertical et d'y représenter l'intersection développée.

(Concours académique de Montpellier, 1870.)

139. Deux droites sont parallèles à la ligne de terre et leurs projections de noms différents se confondent; déterminer les traces du plan passant par ces deux droites.

140. Déterminer la distance d'un point à une ligne droite, lorsque cette droite est située dans un plan perpendiculaire à la ligne de terre.

141. Un tétraèdre régulier repose par sa base sur le plan horizontal : 1° construire les projections de ce tétraèdre en prenant un plan vertical passant par une des arêtes, et trouver les traces des plans qui constituent les faces latérales; 2° calculer la hauteur de ce tétraèdre, sachant que la longueur de l'arête est 4 centimètres.

(Concours académique de Poitiers, 1873.)

142. On donne un prisme droit et une pyramide de même hauteur égale à 0^m,05; la base du prisme est un triangle équilatéral ABC inscrit dans un cercle de 0^m,03 de rayon. La base de la pyramide est un triangle équilatéral DEF inscrit dans le même cercle, le point D étant diamétralement opposé au point A. Le sommet de la pyramide est sur l'arête latérale du prisme qui passe par le point A.

On prend pour plan horizontal le plan du cercle, pour ligne de terre une perpendiculaire au diamètre AD située à 0^m,05 du centre et du même côté que le point D. Représenter les solides par leurs projections. Construire les projections de leur ligne d'intersection, puis transporter la figure parallèlement à la ligne de terre de 0^m,05 vers la droite, pour faire voir le solide commun au prisme et à la pyramide.

(Concours général de l'enseignement spécial, 1876.)

143. Dans un plan perpendiculaire au plan vertical de projection et faisant avec l'horizon un angle de 60°, on donne un rectangle dont un côté AB est horizontal, et dont la surface est double de celle du triangle équilatéral construit sur AB.

Ce rectangle est la base commune à deux pyramides ayant leurs sommets de part et d'autre du plan sur une perpendiculaire à ce plan menée par le centre du rectangle, et à des hauteurs égales sur chacune aux trois quarts de AB.

Représenter le solide formé par la réunion de ces deux pyramides. Construire les projections de la section horizontale qui passe au centre du rectangle. Étudier la forme de cette section.

(Concours académique de Poitiers, 1876.)

144. On donne, dans le plan vertical de projection, un hexagone régulier dont un côté, égal à 4 centimètres, coïncide avec la ligne de terre; cet hexagone est l'une des bases d'un prisme oblique dont les arêtes sont horizontales et forment un angle de 60° avec la ligne de terre; la seconde base du prisme est dans un plan parallèle au plan vertical de projection, situé à 12 centimètres en avant de ce plan. Sur la face supérieure du prisme repose une sphère qui a 4 centimètres de rayon et qui touche le plan de la face supérieure du prisme au centre du parallélogramme formé par cette face.

On demande de représenter le système de ces deux corps solides, et de dessiner leurs ombres propres, l'ombre portée par la sphère sur le prisme et les ombres portées par les deux corps sur les plans de projection. On supposera le système éclairé par la lumière dite à 45°.

(Concours général, année 1877.)

La fin de ce problème est une application du problème **120.**)

CONCOURS ACADÉMIQUE DE BORDEAUX.

145. Représenter un tronc de pyramide triangulaire déterminé dont la base inférieure repose sur le plan horizontal de projection.

Déterminer les angles que font entre elles les arêtes latérales.

Tracer les projections de la ligne qui joint l'un des sommets de la base inférieure au centre de gravité de la face latérale opposée. (1869.)

146. On donne un tétraèdre ayant sa base sur le plan horizontal. On demande les projections de la sphère circonscrite, ainsi que la section du tétraèdre et de la sphère par le plan qui passe par les centres de gravité des trois faces latérales. (1870.)

147. On donne une pyramide triangulaire ayant sa base sur le plan horizontal.

On propose de la couper par un plan perpendiculaire à l'une des arêtes latérales.

On construira les projections et la vraie grandeur de la section et l'on déterminera le volume de la petite pyramide détachée de la grande. (1872.)

148. Une pyramide a pour base un triangle équilatéral situé dans un plan passant par LT et faisant un angle de 30° avec le plan horizontal; le côté de la base est de $0^m,1$; les distances de la ligne de terre aux deux sommets les plus rapprochés sont respectivement $0^m,04$ et $0^m,05$. Les arêtes latérales ont pour longueurs respectives 12, 14 et 15 centimètres.

On demande :

1° Les projections de la pyramide;

2° Les projections et la vraie grandeur de la hauteur ;

3° L'ombre au flambeau sur le plan horizontal, le flambeau étant placé à volonté. (1873.)

149. Un tétraèdre a pour base un triangle ABC qui repose d'une manière quelconque sur le plan horizontal de projection. Les côtés de ce triangle ont respectivement 5, 6 et 7 centimètres. La face latérale ASB qui s'appuie sur le côté moyen AB fait avec le plan horizontal un dièdre de 60°. L'arête latérale AS fait avec AB un angle de 60° et a pour longueur 8 centimètres.

On demande :

1° De tracer les projections du tétraèdre;

2° De déterminer tous ses angles dièdres ;

3° De calculer son volume à moins de 1 millimètre cube près. (1875)

150. Un prisme a pour base le losange ABCD situé sur le plan horizontal de projection (fig. 137). L'angle A est de 60°; la diagonale AC a 6 centimètres de longueur et fait un angle de 50° avec la ligne de terre; la longueur AF est de 6 centimètres.

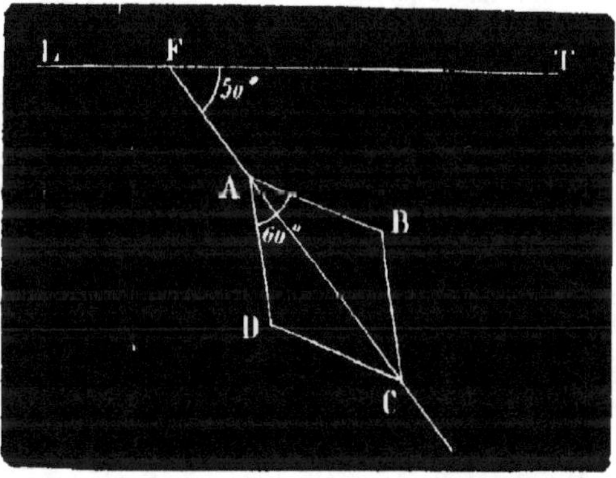

Fig. 137.

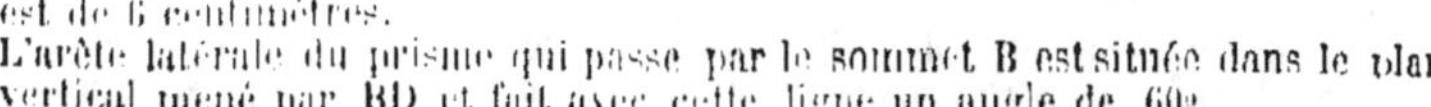

L'arête latérale du prisme qui passe par le sommet B est située dans le plan vertical mené par BD et fait avec cette ligne un angle de 60°.

On demande :

1° De construire les projections du prisme;

2° De mener par la diagonale AC un plan qui coupe le prisme suivant un carré. Représenter les deux solutions;

3° Calculer le volume compris entre chacune des solutions obtenues et la base du prisme.

On joindra à l'épure une explication claire et détaillée des constructions effectuées, ainsi que la démonstration géométrique nécessaire. (1876.)

151. Une pyramide régulière a pour base un triangle équilatéral de 5 centimètres de côté.

La hauteur de cette pyramide a 8 centimètres. On demande de construire les projections de cette

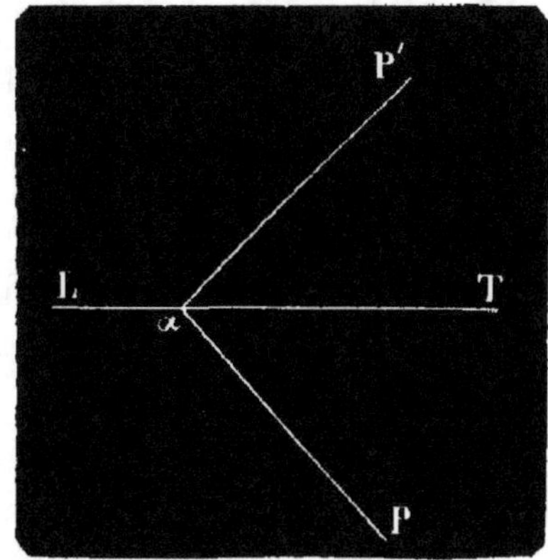

Fig. 138.

pyramide couchée horizontalement sur une de ses faces latérales. Déterminer l'ombre portée (au soleil) sur cette pyramide par une autre pyramide égale dont la base repose sur le plan horizontal de projection. (1877.)

152. Trouver les projections d'une pyramide ayant pour base un triangle équilatéral situé d'une manière quelconque dans le plan P'αP (fig. 138), et une hauteur double du côté de la base.

On déterminera l'ombre au flambeau de la pyramide sur le plan horizontal. (1878.)

CONCOURS ACADÉMIQUE DE TOULOUSE.

153. Connaissant le rabattement d'un triangle ABC dans un plan donné;
Trouver : 1º les projections horizontale et verticale du sommet d'une pyramide triangulaire ayant le triangle pour base et sachant que le sommet est situé sur une droite donnée passant par le point A et qu'il est à une distance de ce point égale à une longueur donnée. (1874.)

CONCOURS ACADÉMIQUE DE MONTPELLIER.

154. Sur le plan horizontal, on décrit une circonférence dont le centre est à 0m,035 en avant du plan vertical et de 0m,015 de rayon. Dans cette circonférence, on inscrit un carré dont une diagonale est perpendiculaire à la ligne de terre. Le carré est la base inférieure d'un prisme dont la hauteur est de 0m,05. Sur la base supérieure de ce prisme, on place un carré dont le centre coïncide avec le centre de cette base et dont un côté est parallèle au plan vertical. Un point lumineux est placé dans le plan horizontal à 0m,120 en avant du plan vertical et à 0m,140 du centre du cercle vers la gauche.

Trouver : 1º les projections de ce système; 2º l'ombre portée sur le plan vertical par le prisme et par le carré supérieur considéré comme une table opaque. (1873.)

155. On donne sur le plan horizontal un carré ABCD inscrit dans un cercle dont le rayon est de 0m,05 et dont le centre est à 0m,075 de la ligne de terre. La diagonale BD est perpendiculaire à la ligne de terre. On construit un cube sur ce carré pris comme base, et on coupe ce cube par un plan passant par les milieux E, F des côtés AB, AD, et par le centre du cube. On rabat la section ainsi obtenue sur le plan horizontal ; et l'on construit une pyramide ayant pour base la section rabattue, et pour sommet un point se projetant horizontalement au centre du carré ABCD et situé au-dessus du plan horizontal à une distance égale à une fois et demie l'arête du cube. On propose de trouver en projection l'intersection du cube et de la pyramide. (1874.)

156. On donne une sphère de 0m,030 de rayon, tangente aux deux plans de projection, et une droite dans le plan horizontal, située à 0m,035 de la projection horizontale du centre et faisant un angle de 45º avec la ligne de terre.

Mener, par la droite, un plan coupant la sphère de telle manière que les surfaces des deux zones obtenues soient dans le rapport de 1 à 2.

Construire la projection horizontale de la section. (1875.)

157. On donne deux droites qui se coupent et un point situé ou dans le plan de ces deux droites ou en dehors de ce plan. Déterminer sur l'une des droites un plan également distant de l'autre droite et du point donné. — Solution géométrique. — Solution trigonométrique. — Discussion. (1876.)

158. Une pyramide triangulaire repose par sa base ABC sur le plan horizontal. Le côté AB est perpendiculaire à la ligne de terre et égal à 0m,04 ; les côtés AC et BC, égaux à 0m,05. La hauteur de la pyramide est de 0m,06 et le sommet S se projette horizontalement au milieu de AC. On demande de tracer le centre de la sphère inscrite à la pyramide et de représenter le contour apparent de la sphère sur le plan de projection. On représentera aussi les projections de la sphère circonscrite. (1877.)

CONCOURS ACADÉMIQUE D'AIX.

159. Une sphère est tangente aux deux plans de projection et a 0m,05 de rayon.

On circonscrit à cette sphère un cône dont le sommet se trouve à 0m,10 de la ligne de terre et sur la trace verticale du plan de profil déterminé par le centre de la sphère.

Déterminer : 1° l'intersection du cône et de la sphère ; 2° l'ombre portée par la sphère sur le plan horizontal en supposant le point S lumineux. (1869.)

160. Une voûte sphérique dont le centre est sur le plan horizontal à $0^m,13$ de la ligne de terre et dont les rayons extérieur et intérieur sont $0^m,12$ et $0^m,105$ est coupée par deux plans perpendiculaires au plan vertical et éloignés du centre de la voûte de $0^m,08$ et $0^m,07$.

Les inclinaisons de ces plans sur le plan horizontal sont de 30° et 80°.

On demande la projection horizontale de l'ouverture faite dans la voûte par la partie inférieure du premier plan et la partie supérieure du second plan.

On construira les vraies grandeurs des bords circulaires de l'ouverture et les angles suivant lesquels ils se coupent mutuellement. (1870.)

161. Une lentille est formée de deux surfaces sphériques ayant chacune $0^m,1$ de rayon ; l'épaisseur de la lentille est de $0^m,02$. Le plan de jonction des deux surfaces est pris pour plan vertical, et le plan horizontal est celui qui passe au point le plus bas de la lentille.

Déterminer l'ombre propre et l'ombre portée en supposant le soleil dans le plan vertical et à 45° de hauteur. (1873.)

162. Au centre d'une feuille métallique carrée de 16 centimètres de côté, on pratique une ouverture circulaire dont le rayon est de 6 centimètres. Cette feuille est ensuite enroulée en un cylindre droit de révolution vertical, reposant par sa base sur le plan horizontal, et placé de manière que la génératrice suivant laquelle se rejoignent les bords opposés de la feuille soit dans le plan vertical supposé lui-même tangent au cylindre. On propose de construire la projection verticale de l'ouverture. On essayera de déterminer la tangente en un point de la courbe. (1874.)

163. Les quatre angles solides d'un prisme droit à base carrée dont la hauteur est de $0^m,08$ et le côté de la base $0^m,12$ ont été creusés chacun en la forme d'une portion de sphère ayant le centre au sommet de cet angle solide et un rayon de $0^m,03$. Le solide ainsi formé étant placé sur le plan horizontal de manière que l'une de ses faces forme avec le plan vertical un angle de 30°, on demande d'en déterminer les projections.

On distinguera soigneusement les parties vues et les parties cachées. (1875.)

164. Une droite située dans un plan perpendiculaire à la ligne de terre traverse les plans de projection en deux points distants de cette ligne de 1 centimètre et de 1 décimètre. Mener par cette droite deux plans inclinés de 10° sur l'horizon et poser sur les parties supérieures de ces plans une sphère de 5 centimètres de rayon qui touche en même temps le plan vertical ; on déterminera les projections du centre, des trois points de contact et les contours apparents de la sphère. (1876.)

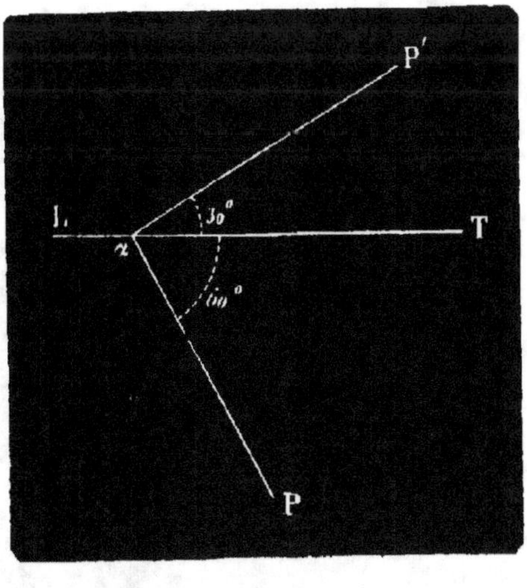

165. Les distances de deux points A et B au plan horizontal étant 3 centimètres et 1 centimètre, les distances des mêmes points au plan vertical étant $0^m,01$ et $0^m,02$, la distance du point A au point B étant $0^m,03$, on demande :

Fig. 139.

1° De construire les traces du plan qui contient les points A et B et qui fait un angle de 70° avec le plan horizontal, d'indiquer le nombre des solutions du problème et de les discuter ;

2° De déterminer les angles que la droite AB fait avec les traces verticale et horizontale du plan, et l'angle du plan avec le plan vertical. (1877.)

166. Un plan P'αP est donné par ses traces; sa trace verticale fait un angle de 30° avec la ligne de terre, sa trace horizontale fait un angle de 60° avec la ligne de terre. Un prisme triangulaire a pour section droite un triangle équilatéral situé dans le plan P'αP, de telle façon que deux des sommets soient sur la trace horizontale Pα et que l'arête passant par le troisième sommet rencontre la ligne de terre. Le triangle équilatéral a 0^m,05 de côté. On figurera la partie du prisme comprise entre le plan horizontal et un plan parallèle au plan horizontal mené à une hauteur de 0^m,05. On joindra à l'épure l'explication de la méthode employée (fig. 139). (1878.)

CONCOURS ACADÉMIQUE DE GRENOBLE.

167. Construire les projections du cercle suivant lequel se coupent deux sphères dont les centres sont situés d'une manière quelconque sur le plan vertical de projection. (1873)

168. Un cône SAB surmonté d'une sphère est placé sur le plan horizontal. On demande de construire l'ombre portée par ce système sur le plan horizontal ainsi que sur un second plan vertical de projection : on prendra AB=0^m,04, SA=0^m,10, OS=0^m,03.

Les rayons lumineux sont parallèles et leurs projections sur les deux plans de projection sont inclinées de 45° sur la ligne de terre (fig. 140) (1874.)

169. On donne un carré dont les projections sont sur le plan horizontal un carré et sur le plan vertical une droite a'c'.

On demande de construire l'ombre portée par ce carré sur les deux plans de projection, sachant qu'il est éclairé par un point lumineux ss'.

Fig. 140.

On prendra s'δ = 50, δα = 15, b'β = 30, sδ = 60, αγ = 35, βα = 10 (fig. 141). (1875)

170. On donne un vase prismatique dont le fond est un triangle équilatéral ABC ayant un décimètre de côté et dont la hauteur AD est égale à 4 centimètres. L'intérieur de ce vase est éclairé par des rayons parallèles situés dans des plans perpendiculaires à LT venant de haut en bas et inclinés de 45° sur les plans de projection. On demande de déterminer les limites de l'ombre portée sur les parois intérieures du vase. (1876.)

171. On donne un prisme dont la base sur le plan horizontal est un hexagone régulier dont ab est parallèle à LT, et dont les arêtes sont verticales. On le coupe par un plan P'zP dont les traces font des angles de 45° avec LT. De plus, la trace

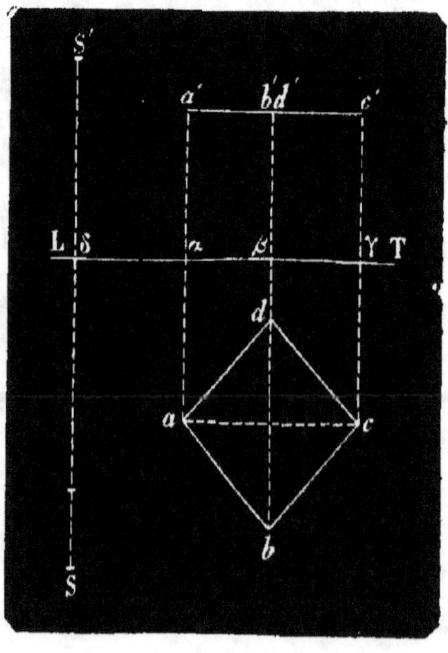

Fig. 141.

horizontale Pα passe par le centre o de l'hexagone. **On demande de déterminer :**

1° La projection verticale de l'intersection ;

2° Sa vraie grandeur par un rabattement sur le plan vertical autour de P'α. *ab* = 0m,04, *oc* = 0m,04 (distance de *o* à LT). (1877)

CONCOURS ACADÉMIQUE DE LYON.

172. On donne : 1° une droite AB dans le plan horizontal, telle que B soit sur LT ; AB = 0m,10 et AA' = 0m,085 ;

2° Un plan dont la trace horizontale fait avec LT un angle de 37°30' et la trace verticale un angle de 42°.

Mener par le point A une droite parallèle au plan donné et faisant avec AB un angle de 41°. (1868)

173. Construire une pyramide, connaissant les six arêtes :

AB = 4,5	SA = 6,2
AC = 4,1	SB = 5,3
BC = 3,75	SC = 5,9

Placer la face ABC sur le plan horizontal, CB faisant un angle de 15° avec LT vers la droite. (1869)

174. Couper une pyramide dont la base est un trapèze rectangle situé sur le plan horizontal et dont les projections du sommet sont données par un plan de façon que la section soit un parallélogramme. Calculer le volume de la petite pyramide détachée. (1874)

(Données numériques.)

173. Construire la courbe de contact d'une sphère donnée dont le centre, situé à 0m,05 du plan horizontal, se trouve sur le plan bissecteur du premier dièdre, avec un cylindre dont les génératrices sont perpendiculaires au plan bissecteur. Construire en outre la trace horizontale du cylindre. (1870)

176. On donne une sphère ayant son centre dans le plan bissecteur du premier dièdre. On demande la courbe de contact de cette sphère avec le cylindre ayant ses génératrices perpendiculaires au plan bissecteur, et la trace du cylindre sur le plan horizontal.

Données. — *r*, rayon du centre de la sphère, cote du centre de la sphère. (1875)

177. On donne deux droites A et B, et deux points *a*, *b* respectivement sur chacune d'elles ; construire les projections d'une sphère tangente aux deux droites aux points donnés. (1876.)

178. On donne une droite, un plan et un angle ; mener par la droite un plan qui fasse avec le plan donné un angle égal à l'angle donné.

Données. — La trace horizontale du plan fait un angle de 60° avec LT ; la trace verticale un angle de 30°. La droite est perpendiculaire au plan horizontal à 0m,03 en avant du plan vertical et à 0m,08 du point de rencontre des traces du plan. L'angle donné est de 81°. (1877.)

179. Six triangles horizontaux isocèles ont un angle au sommet de 18° et les côtés adjacents égaux à 2 mètres. On les dispose en escalier tournant de façon que les sommets soient sur une même verticale, que deux côtés horizontaux se correspondent et soient reliés par un montant vertical. La distance séparant les triangles est de 0m,20. (1878.)

Représenter le système par ses deux projections.

CONCOURS ACADÉMIQUE DE DIJON.

180. Le sommet d'un trièdre trirectangle est situé dans le premier dièdre à 3 mètres du plan horizontal et à 4 mètres du plan vertical ; ses faces sont également inclinées sur le plan horizontal : l'une d'elles est parallèle à LT ; les autres sont par rapport à celles-ci dans la région opposée à celle où se trouve la ligne de terre.

Construire les projections du trièdre. (1872.)

181. On donne un cube dont la face repose sur le plan horizontal et a un côté parallèle à LT. Construire les projections et la vraie grandeur de l'intersection de ce cube et d'un plan perpendiculaire à l'une des diagonales, mené aux $\frac{2}{3}$ de cette droite à partir du plan horizontal. (1874.)

182. Un tétraèdre ABCD a trois arêtes AB, AC, AD égales à 7 centimètres chacune, et ses trois arêtes CD, DB, BC égales à 5 centimètres chacune. On demande de construire :

1° Les angles plans des dièdres AB et CD ;

2° La hauteur abaissée du sommet B sur la face opposée ;

3° La plus courte distance des arêtes AB et CD ;

4° Le rayon de la sphère qui est tangente aux six arêtes du tétraèdre, et dont le centre est situé à l'intérieur du solide. (1875.)

CONCOURS ACADÉMIQUE DE BESANÇON.

183. Dans un triangle rectangle isocèle en tôle, on a découpé la figure ACD au moyen d'un arc décrit de B comme centre avec BA pour rayon et on a ensuite fixé cette plaque ACD à un mur vertical exposé au midi de manière que CD soit vertical et le plan ACD perpendiculaire au mur. Le soleil est à gauche de la plaque lorsqu'on regarde le mur, ses rayons sont inclinés de 30° sur le mur et de 45° sur le plan horizontal.

Trouver d'après cela l'ombre portée par la plaque sur le mur. (Fig. 142) (1873.)

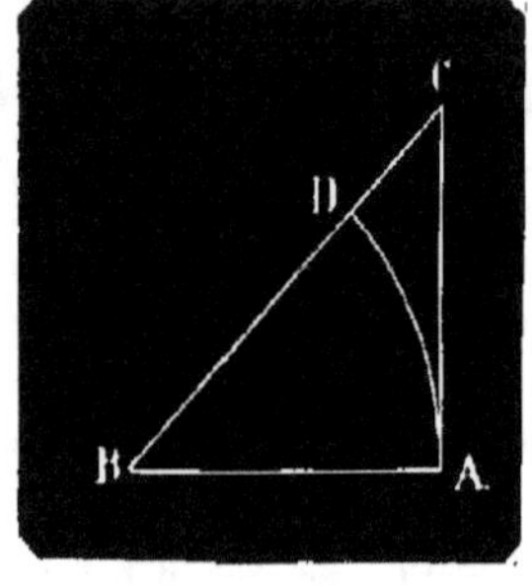

Fig. 142.

184. Un cube de 0m,10 de côté repose par l'une de ses faces sur le plan horizontal de projection ; il est surmonté d'une pyramide régulière dont toutes les arêtes ont aussi 0m,10 et dont la base coïncide avec la face supérieure du cube. Le centre de ce dernier est à 0m,08 de la ligne de terre et l'une des diagonales de sa base est parallèle à cette ligne.

On propose :

1° De déterminer en projection et en vraie grandeur la section faite dans ce polyèdre par un plan perpendiculaire au plan vertical de projection, ayant sa trace horizontale à gauche de la base du polyèdre et sa trace verticale inclinée de 40° sur la ligne de terre, du côté du même polyèdre.

2° De déterminer après l'enlèvement de la partie du corps supérieure à la section le contour de l'ombre portée par la partie inférieure restante sur le plan horizontal et sur le plan vertical de projection ; les rayons lumineux sont supposés dirigés de gauche à droite, leurs projections verticales font un angle de 45° avec la ligne de terre, et ses mêmes rayons font un angle de 45° avec le plan vertical. (1877.)

CONCOURS ACADÉMIQUE DE NANCY.

185. Etant donnée une superficie carrée de 2 mètres de côté, on se propose de la couvrir d'un toit formé de quatre portions égales de surfaces de cylindre droit à base circulaire.

Les axes des cylindres auxquels elles appartiennent passent par le centre du carré et sont parallèles à ses côtés ; le rayon des cylindres est de 1 mètre.

On demande de construire à l'échelle de $\frac{1}{10}$ le développement de l'une des portions. (1876.)

CONCOURS ACADÉMIQUE DE PARIS.

186. On donne les traces d'un plan, et la projection horizontale d'une droite contenue dans ce plan ; on demande de mener par cette droite un second plan qui fasse avec le premier un angle donné V. (1877.)

187. Dans un plan perpendiculaire au plan vertical de projection et incliné de 30° sur le plan horizontal, on donne un carré dont le côté a 2 centimètres. Deux des côtés sont parallèles au plan vertical et le plus rapproché en est distant de 1 centimètre. Les deux autres côtés sont perpendiculaires au plan vertical et le plus bas est dans le plan horizontal.

On prend ce carré pour base d'une pyramide régulière de 4 centimètres de hauteur.

1° Construire les projections de cette pyramide en ayant soin d'indiquer les parties visibles et cachées.

2° Supposant ce solide éclairé par des rayons lumineux parallèles, construire le contour de l'ombre portée sur le plan horizontal. La direction du rayon lumineux est une ligne dont les deux projections sont inclinées à 45° sur LT et dirigées de droite à gauche. (1878.)

CONCOURS ACADÉMIQUE DE DOUAI.

188. Etant données les projections de quatre points A, B, C, D, situés d'une manière quelconque dans l'espace, on considère la pyramide ayant ces points pour sommets, et on demande de construire en vraie grandeur la section faite dans cette pyramide par un plan perpendiculaire à l'arête BC mené par le point A. On prendra les quatre points définis de la manière suivante : les projections horizontales sont toutes en avant de la ligne de terre ; en appelant α, β, γ, δ les points de rencontre de cette ligne avec les droites respectives aa', bb', cc', dd' qui joignent les projections d'un même point, on a :

$$a\alpha = 6 \qquad b\beta = 12 \qquad c\gamma = 1,5 \qquad d\delta = 5$$
$$a'\alpha = 5 \qquad b'\beta = 1,5 \qquad c'\gamma = 10 \qquad d'\delta = 5$$
$$\alpha\beta = 4 \qquad \alpha\gamma = 13 \qquad \alpha\delta = 7$$

le centimètre étant pris pour unité.

On aura soin d'examiner si le point D est visible ou s'il est caché. (1876.)

CONCOURS ACADÉMIQUE DE CAEN.

189. Étant donné un parallélipipède rectangle dont l'arête AB = 10 et les dimensions de la base 3 et 5, trouver le plus court chemin pour aller du point A au point B en faisant le tour du parallélipipède. Prendre pour plans de projection les faces qui se coupent suivant AB, et projeter le plus court chemin trouvé. (1872.)

190. Une sphère de 0m,05 de rayon repose sur le plan horizontal de manière que son centre soit à 0m,08 du plan vertical ; couper cette sphère par un plan passant par la ligne de terre et incliné à 45° sur le plan horizontal. (1875.)

191. Construire les projections d'un tétraèdre ABCD dont l'arête AB est verticale et égale à 4 mètres et dont l'arête CD est horizontale et égale à 6 mètres. Couper ce tétraèdre par un plan parallèle aux deux arêtes AB et CD et dont les distances à ces deux arêtes sont directement proportionnelles à leurs longueurs et déterminer la section en vraie grandeur. (1876.)

192. On donne un plan P'αP qui coupe la ligne de terre en un point α ; mener dans ce plan par le point α une ligne faisant un angle β avec la ligne de terre.

Quel est l'angle minimum ?

On fera deux épures. (1878.)

CONCOURS ACADÉMIQUE DE RENNES.

193. En un point de la ligne de terre, on fait deux angles dans le plan horizontal, l'un Dab de 45°, l'autre Cab de 22°. En un deuxième point de la ligne de terre, on fait pareillement deux angles, l'un Aba de 45°, l'autre Dba de 70°. Les droites Ab, Aa, Ca, Db, forment un quadrilatère ABCD. On demande quelle ouverture on doit pratiquer dans un plan opaque MN parallèle au plan vertical et passant par B pour que l'ombre de cette ouverture donnée par le point K recouvre exactement ABCD.

Le point K se trouve dans le plan vertical sur une perpendiculaire élevée sur la ligne de terre et sur la circonférence décrite sur ab comme diamètre (fig. 143) (1874.)

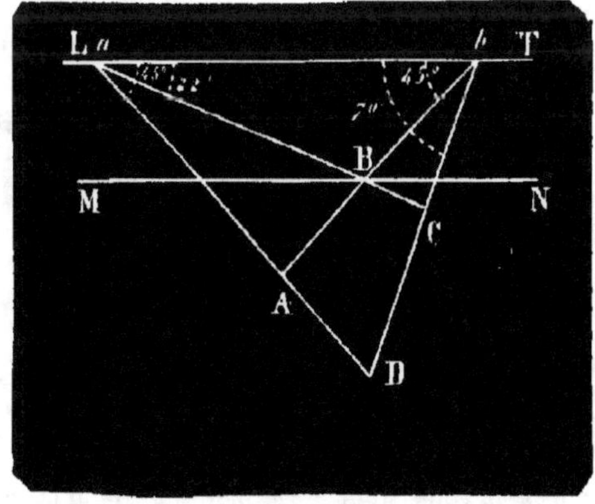

Fig. 143.

194. Un parallélipipède a pour faces des losanges égaux dont l'angle aigu est de 60°. En supposant une des faces dans le plan horizontal, on demande de construire les projections horizontale et verticale de ce solide en se servant des rabattements des faces latérales, qui sont connus.

On déterminera les inclinaisons des faces latérales sur le plan de la face horizontale. On supposera un des côtés du losange de base parallèle à la ligne de terre et sa longueur égale à 0m,04. L'épure sera exécutée avec soin, et on expliquera le groupement des faces dans le rabattement. (1876.)

195. On donne : 1° une sphère de 0m,06 de diamètre dont le centre O est sur

LT; 2° un point A pris dans un plan perpendiculaire à LT et distant de O de 0ᵐ,07. La position du point est en outre déterminée par la condition que ses projections horizontale et verticale soient respectivement distantes de 0ᵐ,03 et de 0ᵐ,06 de LT. Mener par A à la sphère un plan tangent faisant un angle de 30° avec le plan vertical. (1877.)

196. Construire les projections d'un cube posé sur un plan PQ, P'Q' parallèle à LT, et trouver l'intersection de ce solide par le plan contenant son centre de gravité et LT.

On donne $dA = 0^m,03$, $dB = 0^m,04$.

Le cube est posé de manière que la ligne AB de l'espace, perpendiculaire aux deux traces du plan, soit la diagonale de la base. (1878.)

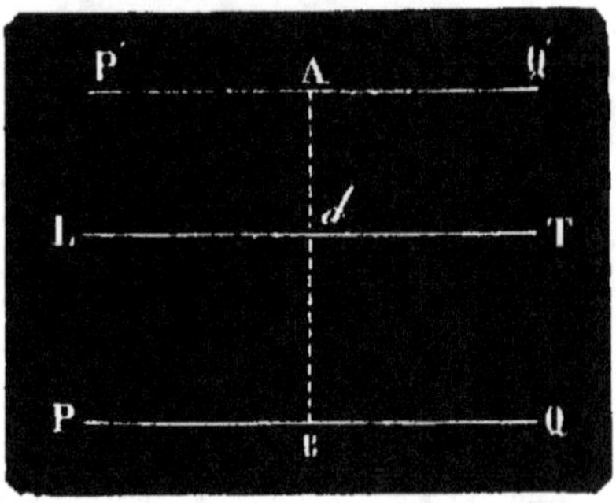

Fig. 144.

CONCOURS ACADÉMIQUE
DE POITIERS.

197. Représenter une pyramide régulière et trouver les projections du centre de la sphère circonscrite. L'un des côtés du triangle de base est dans le plan vertical de projection, le second est dans le plan horizontal, le troisième est dirigé perpendiculairement à la ligne de terre. Les côtés de la base ont 0ᵐ,060 de longueur et les arêtes latérales 0ᵐ,084.

Trouver le rapport du volume de la pyramide à celui de la sphère circonscrite. (1875.)

198. Un solide compris entre deux plans horizontaux dont la distance est h a pour base deux carrés égaux dont les centres sont sur une même verticale, les diagonales de l'un étant parallèles aux côtés de l'autre. Les faces latérales du solide sont les triangles obtenus en joignant chaque sommet d'une base aux deux sommets de l'autre qui en sont les plus rapprochés.

Dessiner les projections du solide, l'un des côtés du carré inférieur faisant avec la ligne de terre un angle de 22° et demi.

Construire les projections d'une section horizontale équidistante des bases et donner l'expression de la surface, a étant le côté du carré.

Trouver le volume du solide. (1877.)

199. On donne un prisme droit dont la base, qui est un triangle équilatéral, repose sur le plan horizontal. Il supporte un tétraèdre régulier placé de telle façon que trois de ses sommets soient aux milieux des côtés de la base supérieure du prisme. On demande l'ombre portée par tout le système, les rayons lumineux étant inclinés de 45° sur les plans de projection. (1878.)

CONCOURS GÉNÉRAL.

200. On donne une sphère O, un point P et une droite A. Par cette droite, on fait passer un plan qui coupe la sphère, puis, par le point P et le cercle d'intersection, on fait passer une sphère M.

Trouver le lieu du centre de cette sphère quand le plan tourne autour de la droite A. (1873.)

201. Construire les projections et la vraie grandeur de la section faite par un plan dans un prisme oblique; le prisme a pour base un carré ABCD de 5 centimètres de côté, situé sur le plan horizontal et dont le côté AB parallèle à la ligne de terre est éloigné de cette ligne de 5 centimètres en avant du plan vertical. Pour définir la direction de ses arêtes latérales, on imagine un cube qui serait construit sur la base ABCD au dessus du plan horizontal : les arêtes latérales du prisme sont parallèles à la diagonale de ce cube qui a pour trace horizontale le point C. — Le plan sécant passe par la ligne de terre et divise en deux parties égales le dièdre formé par la partie antérieure du plan horizontal et par la partie supérieure du plan vertical.

Après avoir construit en vraie grandeur la section demandée, on mesurera ses angles et ses côtés et l'on calculera sa surface; on donnera les résultats numériques ainsi obtenus. (1874.)